ALPHABET ANATOMIC,

AVQVEL EST CONTENVE l'explication exacte des parties du corps humain:

REDVITES EN TABLES SELON L'ORDRE DE DISSECTION ORDINAIRE.

Auec l'osteologie, & plusieurs obseruations particulieres.

Derniere edition, reueuë & corrigee par l'auteur, & augmentee de plusieurs obseruations.

Par BARTHELEMY CABROL, Anatomiste de l'Vniuersité de Montpelier, Chirurgien du Roy, & de Monseigneur le Duc de Montmorency.

A LYON,

Chez Pierre Rigaud, en ruë Merciere, au coing de ruë Ferrandiere, à l'enseigne de la Fortune.

M. DC. XIV.

AV ROY.

SIRE,

Il y a long temps que ie cerche quelque moyen, par lequel ie puisse faire apparoistre l'effect de ma bonne volonté au seruice treshumble que i'ai voué à vostre Majesté: mais l'ardeur de mon desir a esté refroidi, & ma poursuite maintesfois trauersee d'vne froide crainte, attiedissant la vehemence d'icelui, lors que ie considerois la splendeur de vostre Majesté, laquelle dissipoit incontinent toutes ces legeres impressions. En fin recognoissant la clemence de vostre dite Majesté, & le bon heur que i'ay eu d'estre nay & nourri en vostre païs, & nombré entre vos plus humbles seruiteurs, i'ai prins courage de vous dedier ce petit œuure, comme le principal essai de mes labeurs, & le premier des meilleurs fruicts de mon arbre de vielleße, pour en faire deuote offrande à l'autel de vostre Majesté. Ie n'ignoire point qu'il n'y ait plusieurs de ma profession pres de vostre personne: qui en profondité de sçauoir, & en certitude d'experiences, ne cedent à aucun autre qui viue, qui eussent pousuiui beaucoup mieux le suiect que i'ai ici entreprins: mais ou pource qu'ils sont occupez pour vous assister continuellement, ou qu'ils traittent quelque matiere plus grande: cependant il vous plaira de receuoir sous vostre benigne protection ce mien labeur, lequel n'eust osé se presenter au iour sur le theatre de vostre docte France, sans auoir l'asseurance de celui que Dieu y a commis pour protecteur & restaurateur en ce temps deploré. Le subiect de mon liure est digne d'vn tel Roy que vous, Sire, qu'il vous plaise à Contempler les œuures du grand Roy des Roy, & qui apres auoir employé vne grande partie du temps és exploicts de la guerre, mettez l'autre à la lecture des liures, qui peuuent apporter quelque instruction vtile: à l'exemple de Cæsar, Lysimache, Thelephe, Gentias, Mytridate, Attalus, Alexandre, Massinisse, & autres grands Rois, qui curieux de leurs armees, ont voulu sçauoir le moyen de contregarder le soldat, non seulement de l'ennemi exterieur, mais aussi de l'interieur, qui est la maladie, prenans bien souuent eux mesmes la peine d'inuenter & appliquer les remedes necessaires à la guerison d'iceluy. Or cela ne se peut faire commodement, sans la cognoissance du subiect, qui est l'homme, laquelle ils ont aussi cerchee, mais non pas si bien que maintenant, ni auec telle disposition qu'on a accoustumé de monstrer en ceste eschole la plus fameuse du monde, laquelle i'ay suiuie de point en point en ce petit liuret, s'il plaist donc à vostre Majesté de le regarder benignement, & l'aduoüer pour vostre: comme ie l'en supplie derechef tres-humblement, ie m'estimeray surpasser tous les hommes qui viuent en heur, & felicité. S.

Vostre tres-humble, & tres-obeissant seruiteur,

BARTHELEMY CABROL.

AV LECTEVR.

ENtre tant de ſciences inuentees pour le ſouſtien & vtilité de l'homme, il n'y en a aucune qui de tout temps ait eſté plus agitee d'vne infinité de contrarietez que la Medecine, & la Chirurgie : comme teſmoigne aſſez Pline, qui s'eſcrie à bon droict, que la ſcience la plus importante, contenant l'vſage de l'homme, eſt la plus embrouillee de diſputes & obiections. Ie penſe que la plus part de telles controuerſes ſortent autant pour la diuerſité des maladies & des remedes, qu'à raiſon de la cognoiſſance du ſubiect, ie dis du corps humain, de ſes parties, & du propre ſiege d'icelle, la faute n'eſtant que pour n'auoir parfaictement l'intelligence de l'anatomie, qui eſt vne artificielle diſſection d'iceluy en toutes ſes parties, & par laquelle on cognoit leur naturel, leur compoſition, action, temperament, & vſage, à laquelle cognoiſſance pour paruenir, & en auoir vne ſcience bien certaine, i'ay vſé la plus grande partie de mon aage, deſpuis mon entree en ceſte Vniuerſité, ſoubs les plus excellens Docteurs & diſſecteurs de noſtre ſiecle, Meſſieurs Rondelet, Ioubert, Laurans, & Calloty : leſquels en ceſte partie, & toute autre qui concerne la Medecine, ont atteint le premier rang des plus doctes, comme leurs eſcrits le teſmoignent. I'ay faict ores vn recueil de la pluſpart de mes labeurs, pour me rafraiſchir la memoire ſur mes vieux ans, comme Galien au ſeptieſme de ſa Methode conſeille, lequel ayant eſté veu par mes plus familiers amis de meſme profeſſion, comme entre autres, Maiſtre Guillaume des Innocens, vn des premiers Chirurgiens de noſtre ſiecle, & Maiſtre Balthazar Gariel, maiſtre iuré de ceſte ville, qui ne doit rien à aucun de cet Art, tant en doctrine, qu'experience, & pluſieurs autres doctes perſonnages : i'ay eſté prié, & incité par iceux à le publier, pour l'vtilité commune des amateurs de l'Anatomie, auſquels n'ayant peu refuſer vne ſi honneſte demande, ie te preſente ces miennes tables appellees Alphabet Anatomic, pource qu'en icelle ie pourſuis de point en point la deſcription de noſtre corps, ſelon l'ordre de diſſection qu'on a accouſtumé de tenir en ceste eschole : apres auoir premierement monstré le sçeleté, ou bastiment des os de nostre corps, sans lequel on ne peut aucunement entendre la situation des parties, & principalement des muscles. Ie sçay bien que plusieurs ne trouuans rien de bien fait à leur gré diront que ce n'est rien de nouueau, & que ce n'est pas grand cas qu'vn ramas de plusieurs clausules de diuers autheurs, bien qu'il y aye de la peine, D'autres du tout ignorans, ne retenans du Chyrurgien, que le nom, detracteront autrement, & du pire qu'ils pourront, affermant impudemment que ceste science n'est aucunement necessaire. Ie respondray comme Lucille, que ce n'est pour les plus doctes, ny pour les ignorans aussi. Car les vns n'y entendront du tout rien, & les autres en iugeront plus hautement qu'il ne faudroit. Mais i'estime (Lecteur) que tu ne donneras aucun lieu à l'imposture de tels medisans, pour rien rabattre de la bonne opinion de nous (si tu ne l'as aucunement conceuë.) D'vne chose les supplieray-ie, se vouloir mettre deuant les yeux, combien il est mal aisé de compiler, & coanguster en vn petit abrege, ce qui est si confusement & amplement espars, & esgaré dans les labyrinthes d'vn million d'Autheurs, & le confirmer par la suitte de tant d'annees, & de despens reiterez. Aussi c'est à toy, & non à eux que ie veux plaire, & d'autant que ie suis sur le point de mon testament, ie t'ay seul declaré heritier, & t'ay fait successeur des biens que mon esprit si long temps cultiué, duquel l'heureuse maison t'a esté destinee. Pour toy donc ie poursuiuray ceste mienne entreprinse, & bonne intention, qui n'est autre en la composition de ce petit œuure, que de le te rendre autant aggreable que profitable, selon ce dire d'Horace.

L'Autheur qui dans son œuure a l'vtilité ioinct,
La douceur & plaisir, l'accomplit de tout poinct.

PREFACE DE LA LOVANGE DE L'HOMME AVX LECTEVRS.

L'Homme vray miracle du monde, & chef d'œuure de Nature, est appellé de Platon Vicaire general de la majesté diuine, ayant puissance sur toutes choses, tant celestes, que sublunaires contenues en l'vniuers. Car par le moyen des rayons de l'ame, qui est la plus noble, & principale partie partie de l'homme, il est rauy en la contemplation des Anges, Astres, influences, & mouuemens d'iceux, & se contenant en ce bas Hemisphere, il considere, & recognoit de plus pres les Elemens, & la nature de toutes choses, qui sont engendrees par le moyen d'iceux: de façon que nous pouuons dire l'authorité de Mercure estre receuable, lequel admirant la puissance de l'homme, l'a appellé vn Dieu mortel, comme Dieu vn homme immortel; ce qui peut estre illustré par vn exemple de la saincte Escripture: car apres que l'homme fust creé, Dieu contemplant son image, & vray pourtraict commença à proferer ces parolles. O Adam, va, & te pourmaine par le monde: car ie te donne puissance de commander sur toutes choses, contenues non seulement en la mer, & en la terre: mais aussi en l'air, & au ciel, & cognoistre leur nature & proprietez. *Ce qui nous est vn vray argument à nous autres humains, de recognoistre la faueur & speciale grace de Dieu, toutes & quantes fois que nous admirons ces choses, ensuyuant le Prophete Dauid, lequel considerant sa condition leuant les yeux au ciel disoit.* Ie te glorifieray Seigneur, tant que mon ame diuine viuifiera ce corps humain, de ce que tu m'as formé du tout admirablement. Car soit que ie regarde l'excellence de mon ame, qui est vn fragment de ton essence, soit que ie considere la structure & constitution de mon corps, ie treuue par tout argument d'embrasser tes liberalitez, & adorer ta Majesté. *Ce qui esmeut aussi anciennement nos Ancestres, bien qu'aueuglez en la cognoissance de Dieu, d'affiger à l'entree du Temple d'Apollo vn tel oracle.* O homme sur toutes choses, cognoy toy toy-mesmes. *Ce qu'à la verité est digne de consideration: car qui se cognoit, il cognoit toutes choses, veu que l'homme est vn abregé de l'Vniuers, contenant en soy vne image & ombre de toutes creatures,* d'où vient qu'il est appellé Microcosme, ou petit monde. Or ceste cognoissance ne se rapporte pas seulement à l'ame, laquelle nous ne pouuons vrayement cognoistre, sinon par le moyen de ses actions, mais particulierement au corps, la composition duquel excede toute admiration: car qui est celuy lequel aduisant de bien pres l'artifice de toutes les parties qui le constituent, comme le foye, le cœur, le cerueau, & autres qui dependent d'icelles, ne soit rauy quasi comme en extase: c'est à la verité ce qui a esmeu Alexandre le Grand, de se glorifier sur toutes les autres victoires, de ce qu'il triomphoit de la cognoissance des parties des animaux, & autres creatures. N'auons-nous pas docques occasion de blasmer & condanner ceux-la, lesquels n'estans pas nays pour se cognoistre eux-mesmes, mais seulement pour les obiects externes, desdaignent & mesprisent l'Anatomie, veu qu'elle est si noble, & profitable à toute condition de personnes. N'est-ce pas par le moyen des choses visibles, que nous cognoissons celles qui nous sont inuisibles: cõme a dit le Prophete Dauid. Or biẽ que nostre ame soit immortelle, inuisible, & ce corps au contraire Elementaire, & suject à corruption: ce neantmoins, Dieu pour monstrer l'excellence de son œuure, la voulu rendre participant de mesme grace de l'ame, par le moyen de la resurrection, en laquelle les cendres des hõmes, bien que semees & dispersees par la terre, se r'assembleront, & prendront leur premiere forme, pour estre viuifiez par vne seconde fois plus glorieuse, à fin d'entrer en la possession d'vne vie eternelle, par vne speciale grace de Dieu. Ce sont des choses à la verité qui meritent d'estre recogneuës par le seul rayon de l'ame, veu qu'elles sont secrettes, & occultes à nos sens: mais encores ceste autopsie, & occulaire demonstration qui s'en fait par l'Anatomie, nous representant le domicile interieur de nostre ame, & l'excellence d'iceluy, est comme vn eschelon pour monter peu à peu à ceste diuine cognoissance.

***

A MAISTRE BARTHELEMI CABROL,

MAISTRE CHIRVRGIEN IVRÉ DE l'Vniuersité de Montpellier, sur son traicté des muscles.

HVITAIN.

ALors ie me repais les yeux, & l'esprit, comme
Ie contemple, rauy, les merueilleux accords,
Qui ornent haut & bas l'edifice du corps,
Lequel bien demonstrer est vn chef d'œuure en somme.
Ce bel Art (mon Cabrol) dignement te renomme,
Mais i'admire sur tout les muscles tant subtils
De tes doigts, qui nous ont par sçauoir, & outils
Artistement couppé tous les muscles de l'homme.

F. Auziere, D. M.

AD EVNDEM CABROLLVM.

Epigramma.

EST opus innumeris Græcorum prælia metris
Dicere: vel cæci tela corusca Dei.
Pandere maius adhuc naturæ arcana potentis,
Et quo componat corpora nostra modo.
Laus igitur maior (Cabrolle) paranda Maronis,
Quàm simul Ouidij secla dedere sonis.

P. de Rochefort, Doct. Medicus.

B

A M. CABROL MAISTRE MAIEVR, ET IVRÉ EN CHIRVRGIE DE l'Vniuersité de Montpellier.

ODE.

LE docte Apollon t'a donné,
Cabrol, le fil d'Ariadne,
Ta doctrine du tout fatale,
Et ton ingenieuse main,
Pour descouper le corps humain,
Vray labyrinthe de Dedale.
Il t'a descouuert librement
Les secrets, que tacitement
Du ciel l'azuree crespine
Enueloppoit de sa rondeur,
A cause que tout noble cœur
En ce bas monde les butine.
De mesme, si le conducteur
Des sœurs trempoit dans la liqueur
De la roche Pegasiene
Ma plume, ie ferois voler
Ton renom emplumé par l'air
Iusques à la riue Indiene.
On n'entendroit par l'vniuers
Rien, qu'vn nouueau son de mes vers
Bruire ta sage prouidence,
A la guerison des blessez.
Ton heur, compassast leurs accez
Ta bonté, douceur, & clemence.
Mais, puis que le cruel destin
M'a voulu refuser ce bien,
Ie suis contraint pource, me taire,

Lors

Lors que mille esprits genereux
Fredonnent d'vn style amoureux
Ta loüange sans fin prospere.
Mon Cabrol i'aime mieux seursoir
Ton diuin merite, que voir
Au milieu de mon entreprise:
Comme les fols audacieux,
Qui vouloient escheler les cieux,
Par Pluton rauir ma franchise.
Heureux, qui se peut corriger,
Voyant d'vn autre le danger,
Aussi quel ieune temeraire
Pourroit loüer cil, qu'Apollon
Cherit comme son nourrisson,
Et fait de son art secretaire?

P. de Rochefort. D. M.

IN MICROCOSMI ANATOMEN,
INSIGNIBVS BARTHOLOMÆI CABROLLI
Archichyrurgi Monspeliensis eruditissimi
tabulis enucleatam.

Ἑξάστιχον.

CEnsor ab Antiquis operum perhibetur acerbus
Momus, vbi mancum prospicit, aut rude quid.
Μικρȣ̃ Cabrollus pandens penetralia κόσμȣ,
Haud timet, vt Momus censeat istud opus.
Quid timeat Μῶμον, perfectum, illustre, venustum,
Atque vbi carpendum nil reperitur, opus?

Claudius Ginet Nanceianus Medicus,
& Philosophus.

SAPIENTISSIMO, PERITISSIMOQVE, ARCHICHYRVRGO MONSPELIENSI Bartholomæo Cabrollo de Anatomicis ſuis tabulis.

HEXASTICON.

DVm premeres cymbam annoſi Cabrolle Charontis,
Veſtirétque tuas cana pruina genas.
Ecce tuam excludis, Iouiana mente Mineruam,
Atque hanc in nitidam cogis abire diem.
Viue liber veluti læthæo ex æquore raptus,
Nunquam (qui ſemel hoc vixerit) emoritur.

Hæc Io. Auberius Molinenſis, Medicinæ Doctor.

IN COMMENDATIONEM BARTHOLOMAEI CABROLLI REGII CHIrurgi expertiſſimi, & in Monſpelienſi Academia diſſectoris peritiſſimi, Guilielmi Faucherij Medicinæ Doctoris carmen.

ARte Machaonia Princeps, ferróque peritus
Corporis humani varias diſtinguere partes,
Poſtquam ter denos voluendis menſibus orbes
Doctrina fouit clarus Pæanis alumnos.
Hanc artem expleuit, ſeriem quæ prima laborum
Deneget, ars igitur numeris completa, Cabrollo
Quid referat? primo authori concedat honores
Primos, at ſummum ſupremis laudibus ornet.

A MAI

A MAISTRE BARTHELEMI CABROL, MAISTRE MAIEVR EN CHIRVRGIE à Montpellier, sur ses Tables Anatomiques.

SONNET.

Heureuse la Lucine, & plus heureuse l'heure,
En laquelle tu fus Pere à ce fils nommé,
C'estoit trop vainement, & longuement limé
Vn œuure, qui de soy portoit sa polisseure.
Son principe estoit vn, son essence estoit pure,
Sans discordant meslange il estoit animé,
Craindre vous ne deuiez qu'il ne fust bien formé,
Ayant d'vn aage meur son esprit, & nature.
(S'il est vray que l'esprit tant qu'il est emporté
De l'orage indiscret d'vne folle ieunesse,
Rien, qui dure de luy ne peut estre enfanté.)
Le vostre ore affranchi, plein de tranquillité,
Au calme de vos ans, vn si bel œuure il dresse,
Que l'enuie aimeroit (s'il pouuoit) sa beauté.

Par Iean Auberi Molinois, Docteur en Medecine de Montpellier.

SVR L'OEVVRE ANATOMIQVE DE MONSIEVR CABROL.

SONNET.

L'Vniuers retentit de ton harpe Lyrique,
Que tu nous fais ouyr d'vn son melodieux:
Voire tout est espris du lustre glorieux,
Qui tient, va baisotant le mont Heliconique.

Vit-on rien de plus beau, plus haut, plus magnifique,
De mieux harmonisé, d'vn soin industrieux,
Ie croy (docte Cabrol) que tous Astres des cieux
Ont logé dans ton sein vne ardeur Angelique.
Ton œuure Anatomicq ne dement rien l'autheur,
Que sçauroit meriter le plus parfait autheur,
Ton merite te fait à tous inimitable.
Tes mœurs preschent par tout ton honneur immortel,
Tes eloquens discours te font viure eternel,
Et ton Art t'a rendu entre tous admirable.

Par Iean Alphonce Bachelier
en Medecine.

AVDIT SIEVR CABROL SVR SON LIVRE DES OS.

SONNET.

Celuy, qui entreprend par l'art d'architecture
Dresser à ses nepueux quelque beau bastiment,
En premier lieu tousiours jette le fondement,
Estant à ce poussé, mesme par la nature.
En son estre long temps l'edifice ne dure,
Si la base, & le fond ne sont bien fermement,
Ce qui est bien fondé retient plus longuement
Son estre, sa beauté, sa forme, & sa figure.
Ce qu'obserue Cabrol de ses doigts tres-experts,
Au plus beau bastiment de tout cest vniuers,
En ce qu'il a reduit l'anatomie en table.
Escrit en premier lieu la structure des os,
Qui sont les pilotis fermes de nostre corps,
D'où il se rend au monde entre tous admirable.

AVTRE

AVTRE.

LA France, qui iadis sçauoit l'anatomie
D'vn Falop Italien, d'vn Vezal Espagnol,
Puis qu'elle a maintenant son nourrisson Cabrol,
Ne cerche plus ailleurs le bien, qui la munie.
Cabrol, c'est iustement, qu'en despit de l'enuie,
Ton los est espendu de l'vn à l'autre pol,
De tous tes deuanciers tu surpasses le vol,
Nous rendant mieux cognuë en ce corps l'harmonie.
On pourra desormais auec ce seul autheur
Aisement sans trauail se rendre dissecteur,
N'ayant, comme on souloit, peine tant onereuse.
L'Itale puisse donc son Falope vanter,
L'Espagne son Vezal, il nous faut contenter,
Car d'auoir son Cabrol nostre France est heureuse.

Balthazar Gariel, Maistre Chirurgien de Montpellier.

A MAISTRE BARTHELEMI CABROL, MAISTRE IVRE EN CHIRVRGIE, MAIEVR d'icelle, Chirurgien du Roy, son Anatomiste & dissecteur en l'Vniuersité de Montpellier.

POur sortir des contours du Cretique Dedale.
Il fut besoin d'auoir vne fusee fatale,
Au tributaire Amant amené par le sort.
Autrement de ses iours la viuante lumiere,
S'en alloit obscurcir dans la noire fumiere,
Que sur le Stix ombreux vomist la fiere mort.
Dans les diuers destours, dont la sage nature
A voulu façonner l'humaine architecture.

Nos

Nos esprits se perdoient d'vn cours trop incertain.
Ton Art, docte Cabrol, qui tout autre surpasse
Nous forme icy le fil, nous marque icy la trace,
Pour bien voir sans danger tout ce dedale humain.
D'vn Fallop, d'vn Colomb, d'vn Vesalle la gloire,
Qui s'estoit burinee au temple de Memoire
Se ternist maintenant aux rais de ton Honneur:
Et l'esclat qui sortoit de l'or de leur doctrine
Ne sert plus que de lustre à la tienne diuine,
Car ton sçauoir te rend dessus eux tous vainqueur.

N. Chesnel Alençonnois.

A MONSIEVR CABROL.

SONNET.

Lors que le Tout-puissant à l'homme donna l'estre,
Il dedala nos corps de si adextre main,
Et si artistement, qu'il n'y a eu humain
Qui ait sçeu monstrer au doigt l'œuure d'vn si grand Maistre,
Fors le docte Cabrol, qui seul nous fait paroistre,
Nombre, & cotte subtil, & desbrouille soudain
Les parcelles au vif du labyrinthe humain
Dans ce petit liuret, qu'auiourd'huy nous fait naistre.
Qui ne croira donc pas que tu es tout diuin,
Qui as sçeu brauement telle œuure mettre à fin?
Puises-tu pas du ciel ce sçauoir admirable?
Ce n'est pas des humains? car il estoit caché
Iusques à ce que tu le leur as esbauché,
Receuons donc des cieux cest œuure inimitable.

Antoine Rougon de Punoisson en Prouence,
escholier en Medecine.

Le corps

DE LA DIVISION DV CORPS HVMAIN.

Le corps humain est diuisé communemēt en quatre parties generales, sçauoir est en la,

- Superieure, appellee Teste, ou ventre premier, auquel sont contenues les parties animales depuis le vertex iusques aux Clauicules: Icelle se subdiuise en trois parties, sçauoir est en,
  - La teste qui cōtient le cerueau: Icelle se diuise en parties,
    - Contenantes dont les vnes sōt,
      - Communes qui sont cinq.
        - L'Epiderme.
        - Le cuir.
        - La graisse.
        - Le panicule [illegible]braneux.
        - Et la membrane commune.
      - Les autres,
    - Et
      - Propres, sçauoir est,
        - Le pericrane.
        - Le crane.
        - La dure mere.
        - Et la pie mere.
    - Contenuës, le Cerueau partie organique, en laquelle se peuuent considerer plusieurs choses, comme nous monstrerons cy apres.
  - La face laquelle a ses parties,
    - Cōtenātes,
      - Communes ja descrites.
      - Et Propres lesquelles sont ou,
        - Ossees, les deux mendibules.
        - Cartilagineuses, les extremitez du nez, & les oreilles.
        - Charnuës, comme les muscles de la face, & de la maschoire inferieure.
    - Et Contenues cōme,
      - Les yeux, & les parties qui les cōstituent.
      - Le meat auditoire.
      - Le nez & la bouche
  - Le col lequel a aussi ses parties cōtenantes, & contenues, desquelles les vnes sont,
    - Anterieures cōme sont,
      - Les cinq tegumens communs.
      - Le larynx.
      - L'os hyoyde.
      - Les flexeurs de la teste.
      - Les veines iugulaires, & Arteres carotides.
      - Les nerfs de la sixiesme coniugaison & autres.
    - Les autres, Posterieures,
      - Les communes.
      - Le ceruix.
      - Les muscles extenseurs de la teste.
      - Les esleuateurs de l'omoplate.
      - Les sept vertebres premiers, & la moëlle y contenuë.

- Moyẽne appellee Thorax, laquelle contient les parties vitales, & est terminee depuis les Clauicules iusques au Cartilage xyphoide. Icelle se diuise en parties,
  - Contenantes,
    - Cõmunes ja deduites,
    - Et
    - Propres lesquelles sont,
      - Offees sçauoir est,
        - Les Clauicules.
        - Les vingt & quatre costes.
        - Douze vertebres, & l'omoplate.
      - Mẽbraneuses,
        - La Pleure & le Mediastin.
      - Charnuës, à sçauoir,
        - Les soixante-cinq muscles de la respiration.
  - Et
  - Contenues qui sont,
    - Le Cœur, Prince des parties vitales.
    - Les Poulmons.
    - La grosse Artere ascendente.
    - La Veine arterieure, & artere veineuse.
    - La Veine caue ascendente.
- Inferieure laquelle contient les parties naturelles, & est bornee depuis la Cartilage xyphoide iusques à l'os pubis. Icelle a deux diuisions,
  - La premiere est en trois regions,
    - Epigastrique a ses parties,
      - Laterales, qui contiennent le foye & la ratte, & s'appellent hypochondres, &
      - Moyenne qui contient le ventre.
    - Vmbilicale,
      - Qui cõtient les reins, lombes, & l'intestin duodenum auec vne partie du Ieiunium & Colon.
    - Hypogastrique,
      - Qui contient l'Ileon, la vessie, la matrice, le rectum, & autres parties.
  - La seconde est en parties,
    - Contenantes,
      - Communes les cinq ja dites.
      - Propres les muscles de l'Epigastre, & le Peritoine.
    - Et
    - Contenuës, lesquelles seruent à,
      - La Coction comme à sçauoir,
        - Epiploon,
        - Le ventricule,
        - Intestins gresles,
        - Veine porte,
        - Le foye,
        - La veine caue,
      - L'expurgation des excremens, à sçauoir,
        - Les intestins crasses,
        - La vessie du fiel,
        - La Ratte,
        - Les Reins,
        - Les vreteres,
        - & Vessie.
      - La Generation comme,
        - Les vaisseaux preparants eiaculatoires, & testicules.
- Aux extremitez qui sõt deux,
  - La main, laquelle se diuise en,
    - Bras,
    - Auant bras,
    - & la vraye main,
  - Le pied lequel a pour parties,
    - La cuisse,
    - La iambe,
    - & le petit pied,

Pour

DESCRIPTION DV SCELETE.

Pour auoir vne sommaire & parfaicte cognoissance des os, il faut rechercher cinq choses,

I.
La definition, laquelle est prinse du temperament comme de toute autre partie similaire, pource Galen definit l'os,
- La partie la plus dure, la plus seche, & la plus terrestre qui soit au corps, dure par siccité, seche par cõsumption d'humidité en la premiere conformation, & terrestre, pource que l'Element de terre y domine.

II.
Les differences sont prinses de ce qui accompagne, ou ensuit la temperature, & des accidents, pource il y a plusieurs differences, ou diuision des os,
- La premiere de la substance,
  - Les vns sont solides & sans cauité,
  - les autres spongieux, & pleins de cauité.
- La seconde de la quantité,
  - Les vns sont grands à comparaison,
  - Les autres petits.
- La troisiesme de ce qui est contenu dans les os,
  - Les vns ont de la moüelle,
  - Les autres n'en ont point.
- La quatriesme de la figure, & sont,
  - Ronds,
  - Quarrez,
  - Triangulaires.
- La cinquiesme du sentiment,
  - Les vns ont sentiment comme les dents,
  - Les autres n'en ont point.

III.
La conionction ou composition, voy A.

IIII.
L'vsage. B.

V.
Les termes communs & generaux. C.

A. *La composition de tous les os ensemble, s'appelle des Grecs sceletos, ceste conionction ou assemblance se fait doublement,*

- Par articulation appellee des Grecs arthron, qui est vne composition naturelle, ou vn bastiment des os, par lequel les extremitez des os se touchent. Ceste articulation est double,
  - Auec mouuement, on la nomme diarthrose, ie l'appelle articulation lasche. Car ainsi le porte le mot: Elle a trois especes,
    - Enarthrose, quand la cauité est profonde, & la teste fort grande, comme la cuisse auec l'Ischion.
    - Arthrodie, quand la teste & la cauité sont superficieres, comme en l'articulation de la machoüere inferieure.
    - Ginglyme, quand les os se reçoiuent ensemble, ou en deux os, comme au bras, ou en trois, comme au vertebres.
  - Sans mouuement, & se nõme synarthrose: Elle a trois especes,
    - Suture, quand les os se ioignent en façon de cousture, comme ceux de la teste.
    - Harmonie, est vne conionction faite par simple ligne, comme ceux de la machoüere.
    - Gomphose, quand vn os entre dans vn autre, en façon de gon, ou de clou comme les dents, dans la machoüere.
- Par symphyse qui est vne naturelle vniõ des os, par laquelle l'articulation se rend plus ferme, & les os se rendent quasi vn: Elle se fait doublement,
  - Sans moyen, aux os mols, rares, spongieux, comme aux os du nez, & les Epiphyses en fin se rendent vnes auec les os.
  - Auec moyen aux os qui sont durs & solides: Ce moyen est triple à sçauoir,
    - Cartilagineux, d'où se nõme Syncondrose, comme à la machoüere inferieure, & à l'os pubis.
    - Charneux comme l'espaule auec la teste par muscles, on l'appelle Syssarcose.
    - Nerueux, non point volontaire, ny tendineux, mais ligamenteux, & se nomme Syneurose, comme la cuisse s'vnit auec l'Ischion par le moyen de plusieurs ligamens.

Note que Galen dit au liure des os qu'à la synarthrose il y a du mouuement obscur. Mais il explique plus clairement l'essence de synarthrose, au comment. du liure des articles d'Hipp. disant qu'en la synarthrose le mouuement est obscur, ou qu'il n'y en a point du tout. Hipp. mesme dit que la machoüere superieure est articulee par synarthrose, pource qu'elle n'a point de mouuement, & auec cela se peut excuser Gal. contre les calomnies des recens, Vezal & Colombus.

B.

L'vsage commun des os, est de seruir comme de fondement à tout le corps, & de le soustenir ainsi que font les piliers vne maison: mais il y a plusieurs autres vsages particuliers,

Le Premier, pour le mouuement comme à la main, laquelle sans os ne pourroit faire son office, qui est de prendre.

Le Second, pour la perspiration des vapeurs, comme à la teste.

Le Troisiesme, pour le passage de plusieurs vaisseaux, comme au crane & aux vertebres du col.

Le Quatriesme, pour faire distinction & difference des parties.

Le Cinquiesme, pour seruir de rempart & defense à plusieurs parties, comme le crane au cerueau, les vertebres à la moüelle.

Le Sixiesme, pour rendre le mouuement plus ferme & plus asseuré, comme les petits os sezamoides entre les doigts.

Le Septiesme, pour vn vsage particulier, comme les dents pour trencher, mascher, & preparer l'aliment.

C.

Les termes communs & generaux, seruent pour l'intelligence du traicté particulier des os. Comme sont,

- Epiphyse qui est vne Appendice, addition, ou adiouſtement d'os, comme ſi nature s'eſtant oubliee à la premiere generation, euſt voulu adiouſter vn autre os. Il y a plusieurs vſages de l'Epiphyſe,
  - Le premier, de ſeruir de couuerture aux grands & moüelleux os, de peur que la moüelle ne ſortit.
  - Le ſecond, pour rendre l'articulation plus ferme, car l'Epiphyſe eſt plus large que l'os.
  - Le troiſieſme, pour aſſeurer l'origine des ligaments, qui vniſſent les os.
  - Le quatrieſme, pour garder que la fracture de l'os ne paſſaſt outre.
- Apophyſe qui eſt vne production ou eminence d'os en icelle faut remarquer,
  - Les differences: car il y a trois eſpeces d'Apophyſe,
    - L'vne eſt pointuë, & ſe nomme coronos, mucro ſpilus.
    - L'autre eſt ronde, & groſſe, & s'appelle Caput, Teſte.
    - La troiſieſme eſt greſle, & ſe nomme Ceruix, Col.
  - L'vſage eſt triple,
    - Le premier pour l'origine de pluſieurs parties, entre autres des muſcles qui viennent de quelque eminence.
    - Le ſecond pour l'inſertion des muſcles.
    - Le troiſieſme pour ſeruir de rempart à pluſieurs parties, comme aux vertebres & à l'eſpaule.
- Cauité qui eſt double,
  - Grande appellee Cotyle proprement, ou acetabulum, comme à l'Iſchion.
  - Petite nommee glene, ou glenoide.

TABLE DES OS DE LA TESTE.

L'os de la teste en general, est appellé des Grecs Cranion, du vulgaire Caluaria : En iceluy faut remarquer,

- La substance qui est du tout ossee pour seruir de rempart, & comme de mourion au cerueau. Ceste substance est,
  - Espesse, ou crasse pour la seurté des iniures externes.
  - Rare pour plusieurs raisons,
    - Premierement, à fin qu'il ne pesast trop au cerueau.
    - Secondement, à fin qu'il peust cõtenir au milieu de la moüelle, pour sa nourriture.
    - Tiercement, pour la transpiration des excrements fuligineux.
- La Figure qui est double,
  - Naturelle laquelle doit estre,
    - Ronde pour trois raisons,
      - Pour la capacité.
      - Pour la force.
      - Pour le mouuement.
    - Longue aucunement,
      - Pour pouuoir contenir le Cerueau & le Cerebellum.
    - Imminente deuant & derriere,
      - Pour raison des prosfets mammillaires, & du Cerebellum.
    - Applaties par les costez.
  - Non naturelle,
    - En grandeur,
      - Trop grande.
      - Trop petite.
    - En Conformation,
      - Ronde du tout sans eminence.
      - Pointuë appellee foxon.
      - L'autre extraordinaire, que tu pourras voir en Hipp.
- La situation qui est au lieu plus haut, & plus eminent du corps, pource qu'il deuoit contenir le cerueau : & que les yeux deuoient estre situez aupres.
- La Composition ou parties, voy D.

D. La compositiõ en laquelle faut remarquer,

- Le nombre des os qui sont sept.
  - Le Premier est l'occipital, terminé de tous costez de la suture lambdoide, & de la ligne transuersale commune à l'os sphenoide, c'est le plus dur & le plus solide de to⁹.
  - Deux parietaux, ou quarrez appellez des Latins ossa Syncipitis, ou bregmatis, ils sont separez en haut par la sagittale, en bas par l'escailleuse, en deuant par la coronale, en derriere par la Lambdoide. Ce sont les plus delicats & les plus foibles de tous.
  - Deux tẽporaux inegaux, en haut fort delicats. En bas durs & aspres, pource nous en faisons deux parties,
    - Superieure, qui est fort tenuë & debile, faite en façon d'escaillon, & pour ceste raison, quelques-vns ont appellé l'os escalleux squammosum.
    - Inferieure, aspre, dure, inegale, comme vn rocher, on l'appelle os pierreux, petrosum. En icelle faut remarquer,
      - Des apophyses, qui sont trois,
        - La premiere est appellee mammillaire.
        - La seconde stilloide.
        - La tierce fait la partie du zigoma.
      - Des cauitez qui sont deux,
        - L'vne fait le trou de l'oreille, en laquelle sõt cõtenus trois osselets, desquels sera discouru en l'annotatiõ.
        - L'autre est glenoide, & fait l'arthrodie de la machoire inferieure.
  - Vn du front, appellé Coronal, terminé en haut de la suture coronelle, en bas de la suture commune, qui passe par l'orbite de l'œil.
  - Vn nommé basilaire pource qu'il constituë vne partie de la base du cerueau, des Grecs sphenoide: En iceluy paroissent des apophyses,
    - Internes appellees glenoides, qui ressemblent à vn pied de lict, ou à vne selle de cheual.
    - Externes appellees, pterigoides, ou aislees, qui ressemblent à des aisles de Chauue-souris.
- La cõionction, ou articulation des os, lis E.

Ces trois petits osselets ont esté incognus des Anciens. On leur a baillé le nom, non pour l'vsage, mais pour la similitude qu'ils ont auec les choses externes, l'vn se nomme stapes, d'autant qu'il ressemble à vn estrier de Reistre, l'autre Incus qui ressemble à vn enclume, & l'autre malleole. Ces trois osselets sont articulez par arthrodie, la teste du malleole entre dans la cauité de l'Incus, le stapes est articulé auec le pied de l'Incus. L'vsage de ces os est de tenir le tympane tendu, car l'estrier tirant le pied de l'Incus fait baisser sa teste, & par consequent la teste du malleole, laquelle en se baissant fait leuer le manche attaché au milieu du tympanum, & par ce moyen le bandant comme vn tabourin.

La

E.

La Coionction ou Articulation des os de la teste, se fait par vne espece de synarthrose appellee suture: Ces sutures de la teste sont doubles,

- Propres qui separent les os de la teste d'étre eux mesmes: Elles sont doubles,
  - Vrayes sont trois,
    - Coronelle, autrement stephanica, qui separe en haut l'os du front des parietaux.
    - Sagittale, qui est droicte allant selon la longeur du Crane.
    - L'ambdoide formee en façon de Λ, lettre grecque.
  - Fausses, sont deux, faites en façon d'escaille, on les appelle squamosas escailleuses.
- Communes, qui separent les os de la teste des autres parties: Elles sont deux,
  - La Premiere se fait des extremitez de la Lamboide, & montant par la cauité des temples, separe ces os du Sphenoide.
  - L'autre vient de la cauité des Temples, & passant par le milieu de l'orbite de l'œil, s'en va ioindre au milieu du nez, & separe l'os du front de la machoüere superieure.

L'os Ethmoide, ou Colatoire, qui est au dessus du nez, est mis par quelques vns au rang des os de la teste: on y a remarqué,
- La partie cribreuse.
- La partie spongieuse.
- L'apophyse dite Christa Galli
- La partie plaine.

En la Teste, nous remarquons,

- Des fosses, qui sont comme de petites vallees entournees deçà & delà d'os: Ces fosses sont doubles,
  - Internes, sont six,
    - Deux petites à l'os du front.
    - Deux grandes, à l'occiput.
    - Deux moyennes en grandeur & situation, toutes seruent pour contenir le Cerueau.
  - Externes, sont plusieurs,
    - La premiere, est à l'os temporal, où se fait l'arthroide de la maschoire inferieure.
    - La seconde, aux apophyses pterigoides ou sphenoide.
    - La troisiesme, là où sort le nerf de la sixiesme coniugaison.
    - La quatriesme au dessus du palais.
    - La cinquiesme, au dessous du palais.
    - La sixiesme, en toute la cauité des temples.
    - La septiesme en l'orbité de l'œil.
- Des sinus qui sont comme cauités estroites à l'entree, mais profondes, & larges au fonds, il s'en trouue 4. remarquables,
  - Le premier est à l'os du front.
  - Le second à l'os sphenoide.
  - Le tiers en l'apophyse mastoide.
  - Le quatriesme en la maschoire superieure.
- Des trous, lesquels sont,
  - Internes, & sont xxv. douze de chasque costé,
    - Le premier, est appellé Ethmoide, là où est l'os cribreux, cestuy cy est constitué de plusieurs.
    - Le 2. est aux apophyses clinoides du sphenoide: où est la glande pituitaire.
    - Le 3. est l'optique, par où passe le nerf.
    - Le 4. est aupres, par lequel passe le nerf mouuant l'œil.
    - Le 5. est petit & rond, par lequel passe vne portion du nerf de la troisies. cōiugaison qui sẽ va au crotaphite.
    - Le 6. & 7. sont apres, par lesquels passent le troisiesme, & quatriesme paires.
    - Le huictiesme, est fort grand, & par icelu y l'artere carotide monte au Cerueau.
    - Le 9. laisse passer la veine, & artere Ceruicales.
    - Le 10. est pour le nerf du cinquiesme paire.
    - Le 11. est long & inesgal, par iceluy sōt les nerfs de la sixiesme coniugaison, & entre la iugulaire interne.
    - Le 12. & pour le septiesme paire de nerfs.
    - Il y a puis le dernier, qui est seul, & le plus grand de tous, par où sort la moüelle du Cerueau.
  - Externes sont plusieurs,
    - Le premier au sourcil.
    - Le second au dessous de l'œil.
    - Le troisiesme, au dessous du palais.
    - Le quatriesme, vers l'os sphenoide.
    - Le cinquies. entre l'apophyse stiloide, & mastoide.

L'hom

TABLE DES OS DES MASCHOIRES.

L'homme à deux maschoires,

- La superieure, qui est immobile, & composee de plusieurs os, tous arrticulez par synarthrose,
  - Deux moyens constituans vne partie de l'orbite inferieure de l'œil, tout l'angle petit, vne portion du zygoma, & la pommette.
  - Deux petits, qui font le grand angle.
  - Deux grands contenans toutes les dents, sans excepter les trenchantes, comme veut Galen.
  - Deux au dessous du palais, petits vers le sphenoide.
  - Deux du nez.
  - Vn descript par colombe, & nommé Vomer au dedans du palais.
- L'inferieure qui est mobile articulee par arthroide, est composee de deux os, qui se ioignêt au milieu par syncodrose: En ceste-cy y a deux apophyses,
  - Vne pointue appellee Coronon, en laquelle s'insere, le tendon du muscle temporal.
  - L'autre gresle dite Col, ou Ceruix, qui entre dans la Cauité de l'os temporal, & fait l'arthrodie.
- A chasque maschoire, sont contenues les dents, mises au rang des os, partie spermatiques engendrees dés la premiere conformation au ventre de la mere: Elles sont diuisees en,
  - Trenchantes, qui coupent l'aliment, & sont quatre à chasque maschoire.
  - Canines, qui sont pointues, comme les dents de chien: Elles sont deux à chasque maschoire, & seruent pour briser ce qui est de plus dur, à la maschoire superieure: Les vulgaires les appellent orillieres.
  - Molaires, qui seruent pour mascher, & pestrir la viande, comme vne meule de moulin: Elles sont dix à chasque maschoires aux hommes parfaicts.

TABLE DES OS DE L'ESPINE.

L'Espine appellée des Grecs Rachis, des anciens fistule sacree, comprend tout ce qui est despuis la premiere vertebre iusques au coccyx: En l'histoire d'icelle faut remarquer,

La substance, qui est ossee pour le rempart, & defence de la moüelle, qui est le mesme temperament & excellence, que le Cerueau.

La figure, qui est tantost droite, pour la fermeté, tantost bossue, comme pour faire place aux poulmons, tantost courte comme aux lombes, pour le soustien de la vene Caue.

La connexion est double,
- Par articulation, & ce par ginglime, pour ce que toutes les vertebres, excepté la premiere & derniere, reçoiuent & sont receuës.
- Par symphyse, qui se void au corps des vertebres, lesquels sont vnis, & ioincts ensemble par ligaments.

La composition qui est de plusieurs os pour la diuersité des mouuemens & pour l'asseurance de l'articulation. Ces os s'appellent spondiles, ou vertebres, & sont vingt & quatre sans l'os sacrum: En ces vertebres, on remarque en general plusieurs choses, & à chascune,
1. Le Corps qui est de la partie anterieure, pour le soustien des vaisseaux, lequel est plus petit aux premiers vertebres, s'aggrandissant tousiours iusques à la derniere.
2. Vn trou pour contenir la moüelle, lequel au contraire du corps des vertebres, s'estressit tousiours en descendant.
3. Des Apophyses qui sont de trois façons:
   - Transuerses pour l'origine des muscles, sont deux.
   - Obliques pour l'articulation, sont quatre,
     - Deux superieures.
     - Deux inferieures.
   - Pointues appellées proprement spina, pour la defence de la moüelle. Elle est vnique.
4. Des ligamens pour la symphise.
5. Des trous pour le passage des Nerfs.
6. Plusieurs Epiphyses.
7. Six Articulations.

Les parties, voyés F.

Les

F. *Les parties de l'espine sont quatre,*

- Le col, qui est composé de sept vertebres : En icelles on remarque des particularitez,
  - 1. Premierement, leur espine est bifurquee.
  - 2. Secondement, les Apophyses transuerses sont diuisees.
  - 3. Tiercement, les mesmes Apophyses transuerses sont trouuées pour le passage de la veine & artere ceruicales.
  - 4. La premiere vertebre n'a point d'espine, reçoit de tous costez & n'est point receuë.
  - 5. La seconde vertebre, a vne Apophyse particuliere, resemblant à vn noyau d'oliue, qu'Hypp. appelle dent.
- Le dos, appellé metaphrene, qui est composé de douze vertebres : Esquelles il y a deux choses seulement a remarquer,
  - La premiere est, qu'en toutes les Apophyses transuerses, il y a vne cauité, pour receuoir la teste des costes.
  - L'autre est qu'il y a vne vertebre, qui a ses Apophyses droictes, qui ne montent ny descendent, qui est receuë & ne reçoit nullement.
- Les Lombes qui sont Composez de cinq vertebres.
- Los sacre, ou grand composé de quatre os à l'extremité duquel y a vn corps Cartilagineux, diuisé en trois petits, qui se meut & se retire aux femmes qui enfantent.

TABLE DES OS DV THORAX.

Le Thorax est limité de tous costez, & a plusieurs parties osses qui le bornent,

En haut les Clauicules, qui seruent comme de clef pour le fermer & aussi pour l'articulation de l'omoplate : Leur figure semicirculaire, & sigmoide.

En bas, le Cartilage Xiphoide.

En deuant l'os de la poictrine appellé proprement sternum, qui est tout Cartilagineux, composé de sept os, lesquels paroissent tresbien aux ieunes enfans, mais puis l'vnissent.

En derriere, de douze vertebres du dos ja descriptes.

A dextre, & senestre des costes qui sont douze de chasque costé en partie osses, en partie cartilagineuses, pour rendre le mouuement de la poictrine plus facile: D'icelles,

- Les vnes sont vrayez, qui vont iusques à l'os du sternum, en nombre de sept.
- Les autres fausses, qui ne touchent point le sternum, & sont cinq.

En

TABLE DE L'OS DE L'OMOPLATE.

En l'espaule appellee autrement omoplate, nous remarquōs plusieurs choses : Entre autres,

- La figure qui est comme triangulaire : inesgale, caue par le dedans, & par le dehors gibbeuse.
- L'vsage qui est double,
  - Le premier, pour la defense du Thorax.
  - Le second, pour l'articulation du bras.
- Les parties, qui sont plusieurs, & seruent pour l'origine, & insertion des muscles,
  - La base, qui est vers les espines du dos, & en icelle,
    - L'angle superieur.
    - L'angle inferieur.
    - La Coste superieure.
    - La Coste inferieure.
  - La partie Gibbe.
  - La partie Caue.
  - L'espine, & son extremité, appellee acromion.
  - Deux cauités,
    - Vne au dessus de l'Espine,
    - L'autre, au dessous.
  - L'apophise recourbee, dite Coracoide.
  - Le col, dict Ceruix.
  - La Cauité Glenoide.

Tout

TABLE DES OS DE LA GRANDE MAIN.

Tout ce qui est despuis l'espaule, iusques aux doits est appellé des Anciens main: Nous la *diuisons en trois parties*,

- Au bras appellé humerus, auquel il faut remarquer la partie,
  - Superieure, qui s'articule par vne teste auec l'espaule.
  - Inferieure, laquelle a deux Apophyses,
    - l'Interne.
    - l'Externe.
  - Anterieure.
  - Posterieure.
  - Interne.
  - Externe.
- A l'auant bras, composé de deux os,
  - Du Cubitus, qui a double mouuement,
    - Flexion.
    - Extension.
  - Du Raduis qui fait le mouuement.
    - Prone.
    - Supine.
- A la Main proprement dite: Elle se diuise en trois parties,
  - Au Carpe qui est composé de huict os Innominés ayans deux rangs.
  - Au Metacarpe Composé de quatre os seulement.
  - Aux doigts qui sont composez de quinze os disposez en trois ordres, pource on les appelle Phalanges.

TABLE DV GRAND OS
Qui suit le Sacrum.

Auec l'os sacre, est articulé vn grand os, auquel les Anciens n'ont point baillé de nom, On le diuise en trois parties,

La superieure plus ample & plus large, est appellee proprement, Os Ileon, pource qu'elle contient l'Intestin Ileon.

La seconde, est posterieure, & plus profonde: On la nomme os Ischion, les autres Coxendix: En icelle se voit vne grande Cauité, qui fait l'Enarthrose.

La tierce, est anterieure, & se nomme, Os Pubis : Elle a symphise par Syncondrose.

TABLE DES OS DV GRAND PIED.

Tout ce qui est despuis l'Ischion, iusques à l'extremité des doigts, peut estre appellé Pied: Nous le diuiserons en trois parties.

- En la cuisse appellee femur, en laquelle faut remarquer la partie,
  - Superieure qui a,
    - Vne teste grosse, entrant dans la cauité de l'Ischion.
    - Deux apophyses, appellees trochanteres, le grand, & petit.
  - Inferieure en laquelle y a deux apophyses,
    - Externe.
    - Interne.
- En la iambe, ou auant pied, cõposé de deux os, comme l'auant bras,
  - Du Tibia, qui est articulé auec le femur par ginglime: En bas y a vne apophyse, appellee malleole.
  - Du Perone, ou fibula.
- Et en le petit pied, qui est diuisé en trois parties en le,
  - Tarse composé de sept os,
    - Le premier, s'appelle astragale.
    - Le second, calx, ou talon.
    - Le troisiesme, cuboides, pour sa forme.
    - Le quatriesme, schyphoide, pource qu'il ressemble vn scyphe.
    - Le cinquiesme, sixiesme, septiesme, sont innominez.
  - Metatarse, composé de cinq os innominez.
  - Les doigts, composez de quatorze.

Fin du Scelete.

DESCRIPTION DES PARTIES DE NOSTRE Corps selon l'ordre de dissection ordinaire, qui commence au ventre inferieur.

LE ventre inferieur comme nous auons desia dit en nostre table generale, est doublement diuisé, premierement en trois parties, Epigastrique, Vmbilicale, & Hypogastrique. Secondement en parties contenantes communes, à sçauoir, l'Epiderme, le cuir, la graisse, le pannicule membraneux, & la membrane commune: en parties contenantes propres, à sçauoir, les muscles, & peritoine: Et en parties contenues, desquelles s'ensuit la description.

Les parties cõtenantes communes, non seulement du ventre inferieur, mais du tout nostre corps, sont cinq, à sçauoir,

L'epiderme, qui est vne efflorescence du vray cuir, engendree de son excrement le plus crasse, sans auoir sentiment, luy seruant d'embellissement, & defence, & qui se separe par la brusleure.

Le cuir, qui est vne partie spermatique, tissue des aboutissements des nerfs, veines, & arteres, entrelassees auec la chair: d'ou vient sa temperature, & sentiment exacte: Elle sert à couurir toutes les parties du corps comme d'vn habillement, & se separe de la pluspart: ayant aussi des trous sensibles en plusieurs lieux, & insensibles par tout.

La graisse, qui est vn sang subtil, refroidi, & espessi sur les membranes de nostre corps, seruant à l'eschaufer, humecter, & soustenir les vaisseaux.

Le Panicule membraneux, qui est veritablement charneux, aux animaux, qui ont le mouuement, & corrugation de leur peau: mais en l'homme plustost nerueux, membraneux, ou tendineux, si ce n'est vers la face, & le front.

La membrane commune, qui est vne robbe particuliere, & enueloppement, qui a esté baillé à chasque muscle du corps, pour plus grande asseurance.

TABLE DES MVSCLES DE l'Abdomen.

Les muscles de l'Epigastre sont douze à l'homme, & à la femme dix, à sçauoir,

1. Deux obliques descendants externes, prenans leur origine de la partie superieure de l'os pubis, de la Creste de l'os Ileon, des apophyses transuerses des vertebres des l'ombes : Ils s'inserent à la 5.6.7.& 8. coste auec les Serratus maior, en mesme forme, que si les doigts des mains estoyent les vns dans les autres, & se vont vnir à la ligne blanche.

2. Deux autres aussi obliques ascendants internes, prenans leur origine, de la partie superieure, & plus interne, que les precedens de l'os pubis, de la creste de l'os Ileon interieure, s'attachant, en passant, aux apophyses transuerses des vertebres des lombes: Leur insertion est à l'extremité des fausses costes : Leur tendon ou aponeurose se diuise, & embrasse le muscle droict, s'vnissant puis apres à la ligne blanche.

3 Il faut remarquer à leur extremité inferieure des appendices, lesquelles passans tout le long de la production du peritoine, exterieurement s'en vont vers les testicules, & les suspẽdent: Pour laquelle occasion les Anciens les ont appellez muscles Cremasteres, c'est à dire suspenseurs: Et ceux-cy manquent aux femmes, qui ont leurs testicules dans la capacité du ventre.

4. Deux droits, lesquels prenent leur origine plus interieurement de l'os pubis, & se vont inserer au dessus du Cartilage Xiphoide, ayans trois ou quatre membraneuses intersections pour les rendre plus forts.

5. Deux petits prenans leurs origine au dessus de l'os pubis, larges & tendineux en leur commencement, s'estrecissans peu à peu, & s'inserans obliquement à la ligne blanche, en figure pyramidale : Ils se nomment Succenturiati, pource qu'ils aident à l'action des droits.

6. Deux transuersaux, qui sortent de la partie superieure, & laterale de l'os Sacrum, & des Apophyses transuerses des vertebres des lombes comme les autres : Ils s'attachent au dessous des fausses costes pres du Diaphragme, leur fin, & insertion, est comme des autres à la ligne blanche.

L'action de tous ces muscles de l'Abdomen est double, à sçauoir d'aider l'expulsion des excrements, & aussi la respiration grande & contrainte.

TABLE DE LA LIGNE blanche.

A la ligne blãche, on y remarque quatre choses,

- La Substãce, — Membraneuse prouenante des aponeuroses, ou tendons de six muscles de l'Epigastre, tant ascendents internes, qu'externes transuersaux.
- La Situatiõ, — Est au milieu du ventre, despuis l'os pubis iusques au Cartilage Xiphoide.
- La figure, — Longue & estroite en bas, despuis l'os pubis, iusques à lombilic, large en haut, despuis ledit ombilic, iusques au Cartilage Xiphoide.
- La Couleur, — Blanche, d'où elle tire son nom, d'autant qu'il n'y a point de parties charneuses interieurement ny exterieurement.

TABLE DV PERITOINE.

Au Peritoine faut remarquer dix choses, asçauoir,

- La composition, De petites fibres nerueuses, remplies de veines, d'arteres, & de beaucoup de petits nerfs.
- La substance, Spermatique, comme de toutes autres membranes du corps.
- L'origine, Du perioste, ou pour mieux dire, des petites membranes prouenantes de la dure mere, conduisant les nerfs de la moüelle spinale, à l'endroit des vertebres des lombes.
- Le temperament, Froid, & sec, comme sont toutes autres membranes.
- La figure, Longue quasi en oualle, produisant vne apophyse, ou allongement de chasque costé, pour donner passage aux vaisseaux spermatiques, tant preparans que deferants, & aux muscles nommez cremasteres, ou suspenseurs.
- La quantité, Fort petite en son espesseur, & inesgale par tout, tant à l'homme, qu'à la femme.
- Le nombre, Est seul vnique, & vny par tout, & non point point percé, comme Galen pense pour donner passage aux vaisseaux spermatiques.
- La situation, Est tout à l'entour de toutes les parties naturelles contenues en luy.
- La connexion, Auec toutes les parties naturelles, par la tunique qu'il leur baille, & ses parties laterales, auec les vertebres des lombes.
- Son vtilité, Est de couurir toutes les parties naturelles, & les tenir fermes.

De-

TABLE DE L'OMBILIC.

Deuant que diuiser le peritoine, faut recercher entre ces deux membranes quatre vaisseaux, lesquels constituent l'ombilic centre de nostre corps, à sçauoir,

- Vne Veine,
  - Vmbilicale, laquelle n'est autre chose qu'vn rameau de la veine porte, laquelle se va aboutir aux cotiledons, pour attirer le sang maternel, & le porter dans le foye, pour puis apres estre remis dans la veine caue, pour nourrir toutes les parties du corps de l'enfant, estant dans le ventre de la mere, hors duquel ne sert que de ligament.
- Deux Arteres,
  - Pour apporter le sang, & l'esprit vital lequel s'en va aux iliaques, & de là au cœur, & à toutes les parties du corps, pour les viuifier.
- L'ouracos,
  - Qui n'est autre chose qu'vn conduit venant du fons de la vessie, pour expurger l'vrine qui est contenuë en icelle, pour la conduire dans la tunique, dite alantoides, ou endonilliere.

TABLE DES PARTIES CONTENVES du ventre inferieur, & premierement de l'Epiploon.

A l'Epiploon, autrement dit Omentum, ou Coiffe, faut remarquer principalemẽt sept choses : A sçauoir,

- La Composition, — Est de graiſſe, veines, arteres, nerfs & deux membranes, leſquelles ſont auſſi doubles, pour la couuerture des vaiſſeaux.
- La ſubſtãce, — Eſt ſpermatique.
- Le Temperament, — Aux maigres, eſt froid, & ſec, eſtant fait membraneux, & aux gras froid, & humide, à raiſon de la graiſſe.
- La figure, — Eſt comme d'vne coiffe, ou gibbeſſiere double.
- La quãtité, — Eſt plus groſſe ou plus deſlié, ſelon le temperament des hommes, & des femmes.
- La ſituation, — Eſt deſſus les inteſtins, quaſi contenãt les parties laterales anterieures.
- L'vtilité, — Elle eſt double,
  - L'vne pour eſchaufer & humecter la partie baſſe de l'eſtomach, les inteſtins, & leur aider à faire la digeſtion.
  - L'autre pour ſouſtenir les rameaux de la veine porte, qui vient à la rate, ventricule, duodenum & Colon.

TABLE DE L'OESOPHAGVE.

A l'œsophague, voye du manger, & boire, faut remarquer,	La Substance, & composition, qui,	Est moyenne entre chair, & nerfs : car sa composition est de deux membranes, l'vne nerueuse, & l'autre charneuse, la nerueuse est au dedans, & la charneuse est au dehors. L'interne est continuee auec la bouche iusques aux leures & toute l'interne du ventricule : Il y en a vne autre commune, laquelle viẽt de la pleure.
	La Quantité, & la figure,	Est asses grande, toutesfois aux vns plus, aux autres moins, selon la diuersité des corps : La figure est ronde, afin qu'elle fust plus capable, à la transgutition de toutes sortes de viande.
	La situation,	Est, entre l'espine, & la trachee artere, despuis le pharinx, iusques au ventricule.
	Le nombre,	Est seul, vnique, & sans pair, conioinct auec les parties cy dessus nommees, tant par ses membranes, que par ses vaisseaux.
	Son Temperamẽt, action & vtilité,	Est plus froid que chaud, comme de toutes autres parties, qui sont plus membraneuses, que charneuses. Son action & vtilité, est d'apporter & attirer les viandes, & toutes autres choses aualees dans l'estomach.

F *Au*

TABLE DV VENTRICVLE.

Au ventricule, ou estomac, il y a, à considerer,

- La cõposition, qui est de tuniques,
  - Propres, qui sont,
    - Deux internes,
      - L'vne, qui touche immediatement le chyle, & est fort membraneuse.
      - L'autre, qui est entre la commune, & l'interne, & est charneuse.
  - Commune,
    - Laquelle vient du Peritoine, tissue de nerfs, veines, & arteres.
- La substance,
  - Qui est plus spermatique, que charneuse.
- Son temperamẽt,
  - Qui est froid de soy, comme partie spermatique, & chaud par accident, à raison des parties prochaines, comme du foye, de la ratte, de l'epiploon, & autres.
- Sa figure,
  - Qui represente vne musette, ou cornemeuse, le bourdon de laquelle est l'œsophague vers la partie superieure, & vers l'inferieure, est le pylore, ou portier auec l'intestin.
- Sa quantité,
  - Qui est fort diuerse, selon la diuersité des corps: car les vns sont fort voraces, & grands mangeurs & les autres non.
- Le nombre,
  - Qui est seul vnique, & sans pair.
- Sa connexiõ, qui est double, à sçauoir,
  - Particuliere,
    - Auec l'œsophague, & intestins.
  - Generale,
    - Par les nerfs au cerueau, par les veines de la veine porte au foye, par les arteres au cœur, & par sa tunique, à toutes les parties naturelles.
- L'action bien tẽperee, qui est double, à sçauoir,
  - Commune,
    - Qui est de mixtioner la viande, & de la cuire pour la nourriture de tout le corps.
  - Propre,
    - Qui est d'attirer, retenir, & assimiler ce qui luy est propre, & chasser ce qui luy est nuysible.
- La situation,
  - Qui est principalement au milieu du corps, entre le foye, & la ratte, declinant plus vers le costé gauche, que le droit, d'autant que le foye tient plus de place.

TABLE DES INTESTINS.

Apres auoir veu le ventricule, faut monstrer les intestins cõme appendices d'iceluy, instrumẽts de la distribution du chyle, & expulsion des excremens grossiers : ausquels il faut remarquer,

- La substance, Membraneuse, comme de l'estomach.
- La composition, De trois tuniques, deux propres & vne commune, du peritoine, mais disposees autrement que celles de l'estomach : car l'interieure est plus charneuë, & la moyenne plus membraneuse.
- La quantité, Il y en a des gresles, & des gros, selon plus ou moins, & la varieté des corps.
- La figure Ronde, creuse, & longue.
- Le nombre de six, à sçauoir,
  - Trois gresles,
    - Premier, est l'ecphysis, ou duodenum, ou dodecadactilon.
    - Second, est dit Ieiunum, ou vuide, ce qui aduient pour trois raisons, la premiere, pource qu'il est droit, l'autre pource qu'il est plus rempli de veines mesaraiques que tout autre, la tierce, pource que le porus Cholidoque se descharge bien pres de luy, & par cest excrement bilieux se deterge facilement.
    - Troisiesme, est dit Ileon, pource qu'il est sur les parties Iliaques, ou bien pource qu'il fait plusieurs reuolutions.
  - Trois gros,
    - Premier, est appellé Cæcum, pour deux raisons, La premiere, pource qu'il est grand comme vn sac, L'autre, pource qu'il est borgne, & n'a qu'vn œil, & faut que ce qu'entre dedans sorte par le mesme trou : Il y a vne longue appendice, laquelle quelques vns prennent pour l'intestin mesme.
    - Second, est appellé Colon, auquel se trouuent plusieurs cellules, là où commencent à se former les gros excrements.
    - Troisiesme, est dit rectum, à cause de sa rectitude, au commencement duquel on trouue vne reuolution appellée archon, & à la fin le sphinter pour le fermer.

TABLE DV MESENTERE.

Au Mesentere, Mesaree, ou Mesocole, faut remarquer,

- **La composition,** Est de doubles tuniques, qui prenent leur origine du peritoine, & reçoiuent des nerfs de la sixiesme coniugaison, veine, de la porte artere, de la descendente : il est remply de plusieurs glandes par tout.
- **La Substance,** Spermatique, auec grande quantité de graisse par tout.
- **Le temperament,** Est froid, & humide, à raison de la graisse, & hors d'icelle, froid & sec.
- **La Figure,** Est ronde, Aplatie, representant vne fraise de chemise, au bord de laquelle sont attachez les intestins par tout.
- **La Quantité,** Est assez grande, toutesfois aux vns plus aux autres moins, selon l'habitude de leur corps.
- **Le nombre,** Est seul.
- **La Situatiõ,** Est au milieu des intestins, & quasi de tout le ventre inferieur, d'où il a ainsi tiré son nom.
- **La Connexion,** Auec le cerueau par les nerfs : Auec le foye par les veines de la porte : Auec le cœur, par les arteres, & par toute sa substance aux intestins tant gresles que gros.
- **Son Vtilité, & Action,** Est de bien contenir tous les intestins chascun à son lieu, afin qu'ils ne s'entrelassent l'vn parmy l'autre.

Au

TABLE DV PANCREAS.

Au Pancreas, ou Callicreas, faut remarquer.

- La substance, Est vn ramas de glandes, representant vne masse de chair delicate, d'ou il a son nom.
- La situation, Est en la partie caue du foye soubs l'intestin dit ecphysis, ou duodenum.
- La Connexion, Est à l'intestin susdit, & à la veine porte.
- L'vtilité, Est de remplir toute ceste cauité, & seruir comme de cuissinet, & appuy à la veine porte.

F 3 Au

TABLE DV FOYE.

Au foye, qui est la source des veines, siege de la faculté naturelle, boutique du sang: nous deuons remarquer,

- La situation, Qui est au dessous du diaphragme, & au dextre hypocondre sous les fausses costes.
- La figure, Qui est fort inesgale, car en haut il est gibbe, & tout esgal en bas, il est caue & inesgal comme vn rocher.
- La grandeur, Elle n'est point semblable à tous animaux, car ceux qui sont gourmans, l'ont plus grand que les autres.
- La connexiõ: il est lié, & attaché par deux sortes de ligamens, qui sont,
  - Communs, à sçauoir les veines, par le moyen desquelles il est attaché à tout le corps.
  - Propres, sont quatre,
    - La veine vmbilicale, qui le tient attaché au nombril.
    - Le ligament suspensoire, qui le tient en haut vers le diaphragme.
    - Deux lateraux, qui l'attachẽt au costé.
- La composition, est de plusieurs parties,
  - De chair qui luy est propre, & peculiere, appellée parenchyme, comme vn sang condensé.
  - De vaisseaux qui sõt quatre,
    - La veine caue, ayant vn million de racines esparses par toute la chair.
    - La veine porte, se distribuant de mesme.
    - Vne petite attere, estant à la partie caue.
    - Les racines du pore cholidoque qui vont par tout le foye, comme les veines, pour l'expurgation de la bile.
  - D'vne tunique, qui l'enueloppe exterieurement & vient du peritoine.

La

TABLE DE LA VEINE PORTE.

La veine Porte appellee des Grecs στελεχίαια, se diuise communement,

- Au Tronc, duquel sortent plusieurs surgeons, ou petites veines,
  - Les Cystiques, qui s'en vont à la vessie du fiel pour sa nourriture.
  - La Gastrique, laquelle s'en va à la partie posterieure de l'estomach, que les Grecs nomment γαστήρ.
  - La Gastre piploique, laquelle s'en va tout le lõg, partie à l'epiploon, partie au ventricule.
  - L'intestinale, laquelle s'en va tout de long à l'intestin duodenum.
- Aux rameaux qui sont deux,
  - L'esplenique, qui est appellé senestre, & est le plus petit : d'iceluy sortent,
    - La petite Gastrique.
    - L'epiploique anterieure.
    - La Coronaire stomachique, laquelle est fort grosse, & s'en va à l'orifice superieur de l'estomach, le ceignant en façon de couronne.
    - Le reste, s'en va dãs la ratte, & se diuise en plusieurs rameaux, pour apporter le sang melancholique, & de l'vn d'iceux, sort le vaisseau court appellé, *vas breue*, lequel s'en va à l'estomach, pour apporter la melancholie, & exciter l'appetit.
  - Le mesenterique, duquel sort vn million de veines esparses par tout le mesentere, mais trois principales,
    - La Cecale, qui va à l'intestin cæcum.
    - L'hæmorrhoidale, qui va à l'intestin rectũ, & fait les hæmorrhoides internes : Il est vray que ce rameau viẽt souuent du splenique.
    - La derniere, retient le nom du tout, & se nomme Mesenterique.

La

TABLE DE LA VEINE CAVE DESCENDANTE.

La veine caue, ainsi nommee pour sa grandeur, & cauité insigne, venant de la partie gibbe du foye, se diuise en deux gros troncs,

- L'vn descẽd, & se nomme le descendãt, il s'en va aux parties inferieures: En icelluy nous deuons remarquer,
  - Les surgeõs veneux du trõc qui sõt cinq.
    - L'adipeux, qui s'en va tout à l'entour de la tunique exterieure du rein pour sa nourriture, où l'on aperçoit beaucoup de graisse.
    - L'emulgent, ou Renal, qui est fort gros, & entre dans la chair du rein: c'est par ce vaisseau, que les reins attirent, & succent la serosité.
    - Le spermatique, ainsi nommé, parce qu'il apporte la matiere de la semence. En ce surgeõ, faut remarquer, que le dextre viẽt ordinairemẽt du trõc, & le senestre de l'emulgente: pource, l'on dit, que la semence dextre est plus chaude, plus feconde, & plus propre à engendrer les masles.
    - Le lombaire, qui se diuise en deux, trois, & quatre par fois: il s'en va aux vertebres des lombes, pour nourrir toutes ces tuniques, & la moüelle mesme contenue dedans.
    - Le Musculeux, qui nourrit les muscles voisins.
  - Les rameaux, qui sont deux appellez Iliaques, pource qu'ils sõt couchés sur les Isles: De chasque rameau sortent quatre veines,
    - La Sacree, qui s'en va à l'os sacrum, pour sa nourriture.
    - L'epigastrique, laquelle monte par dessoubs le muscle droit, & ne sert point, comme le vulgaire estime, pour le consentement des mammelles auec la matrice, mais seulement pour la nourriture des muscles de l'Epigastre.
    - L'Hypogastrique, laquelle nourrit toutes les parties de l'hypogastre: elle s'en va à la matrice, à la vessie, au droit intestin, & fait les hemorrhoides externes.
    - La Honteuse, laquelle s'en va aux parties honteuses.
- L'autre monte, & se nomme ascendãt, qui sera descrit en son lieu,

TABLE DV CYSTIS FELLIS.

Au Cystis fellis, ou bource du fiel, faut remarquer,

- La composition, qui est,
  - De double tunique, à sçauoir,
    - Propre, Tissue de trois genres de fibres, droites, obliques & transuersales.
    - Commune, Du peritoine, auec les veines, & arteres venants de la veine porte, & artere celiaque, & vn petit nerf du costail droit.
- La substance, Qui est spermatique, & nerueuse : comme de toutes les autres tuniques.
- Le temperament, Qui est froid & sec : comme toutes autres parties spermatiques.
- La quantité, Qui est ordinairement fort petite.
- La figure, Qui est oblongue, grosse en son fons, & gresle en sa partie superieure, ressemblant à vne poire de moyenne grosseur.
- Le nombre, Qui est vnique, sans pareil.
- La connexion, Qui est auec le foye, tant par son corps, que par ses orifices & conduits propres à faire son action, & à l'ecphysis par vn autre conduit, appellé porus cholidoque : auquel faut remarquer vne chose admirable, deux valuules, qui sont en ce cõduit, l'vne pour garder le retour, l'autre pour empescher le passage à l'intestin.
- L'action, Qui est d'attirer tout l'excrement bilieux, & rendre le sang porté par la veine porte, pur & net, deuant que d'entrer dans la veine caue.
- La situation, Qui est assise dans la partie caue, au dessous du grand lobe du foye.

TABLE DE LA RATTE.

A la ratte, faut considerer,

- La composition,
  - Qui est d'vne tunique, qui vient du peritoine, de sa propre chair, ou parenchyme, semblable au gros sang melancholique, & limoneux, & de veines, arteres & nerfs.
- La substance,
  - Qui est molle, rare, & spongieuse, pour mieux contenir l'excrement limoneux & grossier du sang de la veine porte, auant qu'il entre dans la veine caue.
- La figure,
  - Qui est triple,
    - Caue,
      - Du costé là où entre la veine, artere & nerf.
    - Bossue,
      - Pres les costes fausses.
    - A plaite,
      - Pres la partie anterieure, regardant le diaphragme en haut.
- La connexion,
  - Qui est par les veines, arteres & nerfs aux membres principaux, par sa partie caue & tunique, au peritoine, & au diaphragme: au ventricule par le vas breue.
- L'action,
  - Qui est d'attirer le sang melancholique naturel, & aussi quelquesfois expurger le gros excrement par la veine hœmorrhoidale interne.
- La situation,
  - Qui est à l'hypochondre senestre, entre les ventricules, & les costes fausses: le diaphragme la couure par dessus.

TABDE DES REINS OV ROGNONS.

Aux Reins, faut remarquer,

- La composition, en laquelle il faut considerer,
  - La chair, Qui est vn propre parenchyme, quasi semblable à celuy du cœur, fors qu'il n'y a point de fibres.
  - Veine, & artere emulgentes, Qui se distribuent par toute la substance du rein, entrant par la partie sime, & se diuisent iusques à ce qu'elles soient comme capillaires.
  - Sinus, Qui est fait de l'extremité de l'vretere, en façon de bassin, ou entonnoir, qui reçoit le serum separé du sang.
  - Papilles, Qui sont petites caruncules, à l'extremité des vaisseaux, par lesquelles cõme glandes spongieuse, distile l'humeur sereus dans le sinus, & de là à l'vretre, & puis en la vessie.
  - Tunique, Vne propre, l'autre commune, venant du peritoine, & de la stomachique : d'où vient le grand consentement des reins, & de l'estomach.
- La connexion, Auec les lombes par le peritoine, auec la vessie par les vreteres, à tout le corps par les vaisseaux nommez.
- Figure, Qui est comme vne demie lune, ou proprement comme vn faseole, du costé qui regardent la grand' veine, sont caues, ou plustost camus : & en dehors vers les isles, sont gibeux & longs.
- Grandeur, Qui n'est pas esgale en tous, mais ils sont grands selon qu'il est requis, pour l'expurgation de l'humeur sereus.
- Nombre, Qui est communement double, vn dextre, l'autre senestre, combien que nous auons trouué souuent des corps qui n'en auoient qu'vn, mais fort grand.
- Vsage, Qui est de purger, & attirer l'humeur sereux.
- La situatiõ, Qui est au costé des vertebres des lombes, & sur l'origine du muscle psoas, vn de chasque costé de la veine caue descendente, non diametralement, mais l'vn vn peu plus haut que l'autre, sçauoir aux hommes, le droit est tousiours plus bas à cause du foye, qui est grand, aux brutes, le senestre est plus bas, pource que la ratte descend plus.

TABLE DES VRETERES, ET DE la vessie.

Aux vreteres, qui sont les vaisseaux, pour porter le serum des reins en la vessie, faut remarquer, leur

- Origine, { Qui est de la partie sime du rein,
- Substance, { Qui est toute membraneuse.
- Situation, { Qui est tout le long du muscle psoas.
- Insertion, { Qui est en la vessie, non au fonds, mais à costé : ce qui est bien remarquable, car entrant entre les deux tuniques, il chemine quelque peu dans icelles, puis se perd obliquement dans la vessie, où la tunique interne sert de valuule, à fin que rien ne puisse regorger en haut.

A la vessie receptacle de l'vrine, faut remarquer.

- La Substance, & figure, { Qui est de mesme cõme les vreteres, à sçauoir, nerueuse, pour plus facile dilation, lors que l'vrine y arriue en grande quantité : elle est de figure ronde, quasi pyramidale.
- La cõposition. { Qui est faite de deux tuniques, l'vne propre, laquelle est fort espesse, tissue de trois genres de fibres droites, obliques & transuerses, l'autre est commune venant du peritoine, ayant veines, arteres, & nerfs de la sixiesme coniugaison : Elle a aussi vn seul muscle pour la fermer & ouurir, appellé sphincter, fait comme vn anneau, qui embrasse son col, & le conduit commun à l'vrine, & à la semence aux hommes, aux femmes de l'vrine seulement.
- L'action, & l'vsage. { Qui est de tirer par ses fibres, & reseruer continuellement l'vrine, & la garder tant qu'il est besoin, puis l'expeller par son col.
- La situation, connection, & temperament, { Qui est aux hommes, au petit ventre sur le rectum, & aux femmes sur la matrice · & le tout soubs l'os pubis, auquel est attachee par ligament membraneux, à la verge par son col, & à l'intestin par sa tunique : Elle est de complexion froide, & seche, comme les autres membranes.

Aux

TABLE DES VAISSEAVX spermatiques preparants.

Aux vaisseaux spermatiques, preparants, faut remarquer,

- La ſubſtance, — Semblable aux veines & arteres, ſauf que nature leur a donné vne tunique du peritoine: comme à toutes autres parties du ventre inferieur.
- Leur origine & cōpoſition, — Qui eſt de veines & arteres, leur deux arteres ſortent de la grand' artere deſcendentes pres le rein gauche: les veines, l'vne ſort du grand tronc de la veine caue deſcendente du coſté droit: l'autre du coſté gauche ſort de l'emulgente. Tous ces vaiſſeaux eſtans ioints, s'inſerent ſur les teſticules, par la tunique dite artos.
- Le temperament, — Qui eſt tel que des veines, & arteres: & eſt ſec comme toutes autres parties ſpermatiques:
- Le nombre, — Ils ſont quatre, à ſçauoir, deux de chaſque coſté, vne veine, & vne artere.
- La quantité, — Qui eſt fort petite en profondité, mais en longueur aſſez grande, pour la diſtance qui eſt de leur origine, iuſques aux teſticules, toutesfois plus aux hommes, qu'aux femmes, à cauſe que les hommes les ont hors du ventre, & les femmes dedans.
- La figure, — Qui eſt toute pareille à celles des veines, & arteres, ſauf que lors qu'elles viennent à ſortir hors du ventre, elles commencent à ſe pampiner en beaucoup de pampinations, pour mieux elabourer la ſemence, & pour l'irradiation des teſticules.
- Leur vtilité, — Qui eſt d'apporter, & preparer le ſang requis pour la generation de la ſemence.

TABLE DES TESTICVLES.

Aux testicules, faut remarquer.

La substance, Qui est quasi glanduleuse, fort rare, molle, blanche, & spongieuse : à fin de pouuoir mieux succer la partie la plus sereuse de la semence, pour la rendre plus feconde.

La quantité, La figure, La composition, Qui est comme vn petit œuf de poule vn peu comprimé : composé de veines, arteres, nerfs, tuniques, & propre chair ja descripte : les veines & arteres leur sont baillees des vaisseaux spermatiques : les nerfs de la sixieme coniugaison, & de ceux de l'os sacrum : leurs tuniques sont quatre, deux communes, à sçauoir, le scrotum ou bource, l'autre appellee d'artos : Deux propres, la premiere s'appelle erythroeide, ou elytroeide, l'autre est vne membrane nerueuse.

Les Muscles, suspensoires, Qui sont de mesme substance que les autres, forts, petits, & gresles, de figure oblique, larges, sortants de la membrane du peritoine : leur origine a esté dite à la diuision des muscles de l'epigraste : leur action est de suspendre les testicules en haut, & les tirer vers leur principe.

Le nombre, Qui est de deux, communement vn de chasque costé, mais quelque-fois trois, d'autre-fois vn seul, autres-fois point du tout, comme il monstre en vne obseruation.

La situation, & cõnexion, Qui est dans le scrotum à l'extremité inferieure de l'os pubis : leur connexion est par leurs vaisseaux aux parties principales, au col de la vessie, au membre viril par leurs tuniques.

Le temperament, Qui est froid & humide, comme partie glanduleuse, mais par accident peuuẽt estre chauds, pour la grand' multitude des veines & arteres, qui les enuironnent.

Aux

TABLE DES VAISSEAVX spermatiques differents.

Aux vaisseaux eiaculatoires, faut remarquer,

- La substance, & situation,
  - Qui est d'vn corps nerueux & blanc, remontant depuis les parastates, qui sont aux testicules, iusques au ventre, & s'inserans aux prostates, & petits reseruoirs du col de la vessie, pour entrer puis apres dans le conduit commun de l'vrine, & de la semence.
- L'action,
  - Qui est de cuire, & preparer encore la semence, & la porter au lieu propre pour estre eiaculatee.
- La quantité, figure, & composition,
  - Qui est assez grande, aucunement ronde, tendant en pointe: leur composition est de veines, arteres & nerfs qu'ils ont des vaisseaux des testicules, & d'vne tunique du peritoine.
- Le temperament, & nombre,
  - Qui est froid & sec, & leur nombre est de deux, vn de chasque costé.

Au

TABLE DV MEMBRE VIRIL.

Au membre viril, porteur de semence au champ de generation, faut remarquer,

- La substance, & quantité,
  - Qui est fort ligamenteuse, d'autant qu'elle sort des os, & est de quantité moyenne en grandeur, les vns plus, les autres moins, selon la diuersité des corps.
- La composition, & figure,
  - Qui est de double tunique, de nerfs, veines, arteres, de deux ligaments, d'vn conduit cõmun à l'vrine & à la semence, & de quatre muscles: sa figure est ronde, estant toutesfois aplatie dessus & dessoubs, il prend sa tunique du vray cuir, & pannicule charneux, les veines & arteres, des hypogastriques, & de la veine nommee honteuse, le nerf de l'os sacrum.
- La situation, & conexion,
  - Qui est sur les parties inferieures de l'os pubis, à fin qu'il fust fermé au temps de l'erection, & est attaché audit os, & aux parties circonuoisines, & aux parties qui le composent.
- Le temperamẽt, & actiõ,
  - Qui est froid & sec : son vtilité est de porter la semence dans la matrice, pour la conseruation du genre humain.
- Le glan, & prepuce,
  - Qui commence là où finit tout le corps du membre viril, la chair duquel est moyenne, entre la chair des glandes & la vraye chair : & noteras pour la fin, que les ligaments sont cauerneux, pleins de beaucoup de veines & arteres, & de grande quantité de sang & esprit, lequel agit, incite ce feu d'amour, & le fait roidir : le cuir qui le couure est appellé prepuce, qui estoit coupé aux Iuifs.

TABLE DES MVSCLES
du penis.

Au membre viril, y a double action, à sçauoir,

Extension, laquelle se fait par deux muscles, vn de chasque costé,
- Le premier vient de la partie superieure de l'os Ischion & s'insere le long du nerf cauerneux vers son milieu.
- Le second de l'autre costé, qui a mesme origine, & insertion.

L'expulsion de l'vrine, & de la semence, laquelquelle se fait par deux muscles,
- Le premier, sort du costé inferieur de l'os pubis, s'attachant au sphincter de la vessie, & s'en va le long du canal commun.
- L'autre de l'autre costé à semblable origine, connexion, & insertion.

Le Clytoris de la femme est semblable à vn petit penis, ou membre viril, ayant ses deux nerfs cauerneux, & le conduit imparfait, il y a aussi deux muscles pour sa tension : de laquelle plusieurs femmes qu'on appelloit Tribades ont souuentesfois abusé lasciuement.

TABLE DE LA MATRICE.

A la Matrice, partie propre seulement à la femme, faut remarquer,

- **La composition,** Qui est de veines arteres, nerfs & tuniques: les veines, & arteres sont quatre, à sçauoir deux spermatiques, & deux hypogastriques, les nerfs de la sixiesme coniugaison, & de l'os sacrum: les deux tuniques, l'vne propre, & l'autre commune, la propre est tissue de trois genres de fibres, obliques transuersales & longitudinales, la commune vient du peritoine.
- **La substance,** Qui est nerueuse & membraneuse, afin qu'elle se puisse aisément dilater, & estendre plus ou moins selon la necessité.
- **La connexion,** Qui est par son col, à la vulue, par deux ligaments robustes, à la partie superieure de l'os pubis dans la production du peritoine, & aussi au peritoine par sa tunique commune, par les veines au foye, par les arteres au cœur, par les nerfs au cerueau.
- **Le temperament,** Qui est froid & humide, plus par accident que par soy, froid à raison de ces membranes, & humide par les grandes serocités, qui sont en elle.
- **La quantités,** Qui est diuersifiee selon les aages, l'acte venerien, le temps de la groisse plus ou moins.
- **La figure,** Qui est ronde, semblable à vne poire fort lõgue de col, & a des cornes fort petites exterieurement aux extremitez de son corps, ressemblãtes à celles d'vn petit veau deuant qu'estre sorties.
- **Le nõbre,** Qui est seule vnique, & sans pair, diuisee en deux parties, dextre & senestre, à vne chascune desquelles appert vne petite cauité, nõ point cõme plusieurs pẽsẽt des cellules, auec vne petite ligne, qui diuise la dextre de la senestre.
- **L'action, & vtilité;** Qui est de receuoir la semẽce tãt de l'homme, que de la propre, & la conseruer augmenter & entretenir iusques au tẽps de l'enfantemẽt: elle reçoit aussi le sãg mestrual, & le iette hors pour tenir tout le corps net & purgé.
- **La situation,** Qui est entre la vessie & le droict intestin.

Les testicules aux femmes sont situés sur les muscles des lombes: petits & longs, n'ayans qu'vne tunique, leurs vaisseaux spermatiques preparants, & eiaculatoires sont de mesme origine qu'aux hommes, mais non de mesme insertion, car vne partie des preparants entre aux testicules, l'autre au fons de l'vterus, les eiaculatoires vont en partie dans les cornes ou eminences de l'vterus, en partie au col par où les femmes enceintes spermatisent.

TABLE DV COL DE LA MATRICE.

Au col de la matrice, faut remarquer,

La composition, Qui est telle que celle de la matrice, sauf qu'elle ne reçoit de veines, & d'arteres que de l'hypogastrique.

La substãce, Qui est musculeuse, charneuse, quasi comme vn spincter, d'autant qu'il faut qu'elle s'eslargisse, & s'estrecisse pour sionner passage à l'enfant, au sang menstrual, & a plusieurs excrements.

Le temperament, & vtilité, Qui est froid & sec, donnant passage à la semence, pour estre portée dans la matrice, & à l'euacuation du sang menstrual.

La quantité, Qui est en longueur, largeur & profondeur assez notable, iaçoit qu'elle differe selon la diuersité des corps.

La figure, Qui est ronde, oblongue & caue, sa longueur est depuis l'orifice interne, iusques à l'externe, & faut considerer que la partie caue est toute rugueuse, comme le palais d'vn veau.

Le nombre, Qui est seul, & situé entre le col de la vesie, & le droit intestin, auquel il est estroitement attaché à la matrice par son propre orifice, & à la vulue aussi, au reste du corps par les vaisseaux communs.

OBSERVATION.

Il faut remarquer, que dans ledit col, l'hymen n'est point colloqué: car s'il y estoit, ne se pourroit rompre au temps du coit, d'autant que le membre viril n'y peut entrer: mais il se trouue si point en y a, au dessoubs de l'orifice de la vesie comme vne petite membrane faite à la semblance d'vn petit croissant, aux petites fillettes, car puis apres il se pert.

TABLE DE LA VVLVE.

A la Vulue, ou partie honteuse, appendice du col de la matrice, faut remarquer.

La composition, Qui est de veines, arteres, nerfs, & de membranes quasi musculeuses, d'autant qu'elles ont force chair.

La substance, Qui est moyenne entre chair & nerf, fort membraneuse pour se dilater au temps de l'enfantement.

Le temperament, Qui est entre chaud, humide, froid, & sec, moyen.

L'vsage, Qui est tel, que le prepuce à l'homme, pour garder que l'air froid n'entre dedans, pour n'intemperer les parties internes.

La figure, Qui est caue, ronde, & fort lõgue, en laquelle faut remarquer les parties,

- Externes, Le poil, le mont de Venus, autrement dit en françois, la motte, & les labies.
- Moiẽnes, Les Pterigomes, ou aisles de rate penade, les nymphes, le tentige, le clytoris, auec ses deux nerfs cauerneux, le conduit de l'vrine, & quatre muscles, deux pour l'erection, deux pour l'expulsion de l'vrine.
- Internes, Les petites caruncules membraneuses, qui sont au deuant des trous, les rugositez circulaires, affin de se pouuoir alonger, & acourcir au temps du coit, quasi semblable à vn piolet de caille.

La quantité, Qui est fort grande, & fort spacieuse, ayant passé la premiere entrée, on vient à la sale du bal.

Auant

Apres auoir paracheué le ventre inferieur, il faut venir au moyen qu'on appelle thorax, auquel nous considerons les parties contenantes, & contenues, & les adiacentes, selon l'ordre de dissection ordinaire.

TABLE DES MAMMELLES.

Auant que venir à la demõstration des muscles du bras, faut premieremẽt mõstrer les mammelles, ausquelles on peut considerer,

- La composition, Qui est du petit cuir, du vray cuir, graisse, glandes, veines, arteres, nerfs, auec vne grande portion ligamenteuse, laquelle se finist au pepelon, & où se parfait l'elaboration du laict.
- La substance, Qui est glanduleuse, molle, rare & fort spongieuse, laquelle selon la diuersité des corps est diuerse: aux vierges, petites, & dures: aux femmes & nourrisses, molles, lasches & plus longues.
- La figure, Qui est ronde, quasi pyramidale, auec vn petit bout, ou pepelon au milieu, lequel prend le petit enfant, pour se nourrir.
- Le nombre, Ordinairement sont deux, vne de chasque costé: toutesfois i'ay veu femme en auoir quatre, comme nous dirons aux obseruations.
- La situation, Qui est par dessus les muscles du bras, dit pectoral, ou autrement pentagone, & les muscles de la respiration, tant externes qu'internes, & sur les costes, troisiesme, quatriesme, & cinquiesme.

TABLE DES MVSCLES DE *l'omoplate.*

Le premier, s'appelle Trapesius, qui sort des apophyses transuerses des huict vertebres du dos superieures, & de toutes celles du col, mesme de l'occiput, & s'insere en toute l'espine de l'omoplate iusques à l'acromion: ce muscle a trois sortes de fibres, & trois origines : Voila pourquoy aussi il fait trois sortes de mouuemens: Il tire l'omoplate en haut, en bas, & en derriere : sa figure est semblable à vn capuchon de cordelier, ou au derriere d'vn colcret de femme.

Le Second dentelé, sort de la huictiesme, septiesme & sixiesme costes, & s'insere aux coracoides interieurement, il meut l'omoplate en deuant.

Le Troisiesme, quatriesme, cinquiesme, & sixiesme, leuateurs, prennent leur origine, sçauoir, le troisiesme de l'apophyse transuerse de la premiere vertebre du col, & s'insere à la coste superieure de l'omoplate pres l'espine.

Les Muscles qui meuuent les omoplates, sont seize, à sçauoir huict de chasque costé,

Le Quatriesme, prend son origine de l'apophyse transuerse de la seconde vertebre, & s'en va inserer à la coste superieure plus auant que l'autre.

Le Cinquiesme, aussi leuateur, prend son origine de l'apophyse transuerse de la troisiesme vertebre, & s'insere à la coste superieure plus auant que le precedant.

Le Sixiesme, prend son origine de l'apophyse transuerse de la quatriesme vertebre, & s'insere au mesme lieu, plus auant vn peu que les autres: ces quatre muscles tirent l'omoplate en haut, & pource sont appellez leuateurs : les anatomistes les confondent, & n'en font qu'vn de ces quatre, mais ie trouue qu'ils sont quatre beaux, & vrais muscles distinguez par leurs membranes, ayans diuerses origines, & diuerses insertions.

Le Septiesme dit Romboides, sort des espines de trois vertebres superieures du thorax, & des deux inferieures du ceruix, & s'insere à toute la base de l'omoplate : il tire l'omoplate en derriere.

Le Huictiesme, prend son origine de la quatriesme, & cinquiesme espine des vertebres du ceruix, & s'insere à la partie superieure de la base de l'omoplate.

Le

TABLE DES MVSCLES du bras.

Le bras se meut en haut, en bas, en deuant, en derriere, & circulairement, par le moyẽ de seize muscles, huict de chasque costé,

1. En haut par le moyen du muscle appellé des Grecs deltoide pour la similitude qu'il a auec vne lettre grecque nommee delta Δ: il prend son origine de la moitié de la clauicule, de l'acromion, & de toute l'espine de l'omoplate, & s'insere en la partie anterieure du bras au dessoubs du ceruix, son action est diuerse, selon la diuersité des fibres tousiours tirant en haut.

2. En bas, par vn muscle petit, qui prend son origine de la partie superieure, & exterieure de la coste inferieure de l'omoplate, s'estendant aucunement sur la partie gibbeuse voisine de ladite coste, & s'en va aussi au bras pres les autres tirant ledit bras en bas.

3. En deuant, par vn muscle, sur lequel est appuyee la mammelle, & se nomme pectoral ou pentagone, d'autant qu'il a cinq angles, il prend son origine de la sixiesme, septiesme, huictiesme coste, presque de tout l'esternum, & de la moitié, ou plus de la clauicule, & se va inserer à l'os du bras, entre le muscle à deux testes, & le deltoide. Galen le diuise en quatre, d'autant qu'il a diuers fibres, & en sa fin a vne belle & contemplatiue reduplication, & fait l'axillaire interne: l'action de ce muscle est diuerse pour la diuersité des fibres, il tire le bras en deuant principalement, puis en haut, & en bas aussi exterieurement.

4. En derriere par vn muscle, appellé le grand dorsal, dit autrement torchecul ou treslarge: il prend son origine des espines de l'os sacrum, & de celles des lombes, & le plus souuent des septiesme, huictiesme, ou neufuiesme inferieures du thorax ou metaphrenum, & s'en va en passant attacher à l'angle inferieur de l'omoplate, auquel s'insere par vn tendon membraneux, & sa fin est à la partie interieure du bras pres le ceruix, par vn autre tendon fort, & robuste, & fait l'axillaire externe: ce muscle sert pour mouuoir le bras en bas, & en derriere.

5. Le cinquiesme remplit toute la cauité superieure, & anterieure de l'omoplate & au dessus de l'espine, lequel prend son origine de la partie superieure, de la base de l'omoplate, & s'en va passer au dessous de l'acromion, puis s'insere à la partie anterieure, & superieure de la teste du bras pres le ceruix, & est fort charneu, & son tendon fort & robuste, son action est de tirer le bras en haut comme le deltoide, & s'appelle superspinates.

6. Le Sixiesme, qui est appellé *infraspinatus*, remplit toute la partie gibbeuse de l'omoplate, au dessoubs de l'espine: il prend son origine de la leure exterieure, de la base inferieure de ladicte omoplate, & couche par dessus icelle, & s'en va à la partie posterieure pres le ceruix du bras: Son action est d'aider au grand dorsal, de le tirer en arriere.

7. Le septiesme plus petit prend son origine de la partie inferieure de l'omoplate, s'estendant aucunement sur la partie gibbeuse, voisine de ladite coste, & s'en va inserer au bras pres son compagnon, lequel semble estre vn auec le precedent, & est charneu iusques au dessus de la teste du bras, & finit par vn fort tendon: Son action est de tirer le bras en bas auec le second.

8. Le Huictiesme remplit toute la partie caue de l'omoplate: Il prend son origine de toute la base de ladite omoplate, & partie interieure, lequel est fort charneu, son tendon fort, & robuste, & se va inserer à la teste du bras, & passe par le coracoide: son action est de tenir le bras ferme, tirant plustost en arriere, qu'en autre part.

Le mouuement circulaire, se fait par l'action des huict muscles precedants succedant l'vn à l'autre.

TABLE DES MVSCLES DE l'auant-bras.

L'auant-bras se flechit, s'estend, se prone, & se supine.

- Flechissent deux,
  - Le premier est le biceps, pource qu'il a deux testes, l'vne sort du coracoide, l'autre d'enuiron la cauité glenoide de l'omoplate, s'en allant baille vne appendice charnuë au milieu du bras, & se va inserer en l'anterieure partie du radius.
  - Le second brachieus, prend son origine de l'anterieure partie de l'humerus pres le ceruix, & se va inserer au cubitus, & au radius interieurement.
- Estendent deux,
  - Vn qui prend son origine du ceruix de l'omoplate, & de sa coste inferieure, & se va inserer en tout l'olecrane.
  - L'autre prend son origine par le derriere du precedent, & luy est tellement adherant, que difficilement peut estre separé.
- Pronent deux,
  - Le premier des pronateurs sort du tabercule interne du bras, & se va inserer au milieu du radius.
  - L'autre est quarré appellé bracelet, qui sort de la partie inferieure du cubitus, touchant vn peu le carpe, & s'insere au radius.
- Supinent deux,
  - Le premier supinateur, prend son origine du tubercule externe du bras, & se va inserer vn peu obliquement à la fin du radius.
  - Le second sort du tubercule externe du bras, & s'en va obliquement par dessus le radius, s'inserant à la partie interne d'iceluy vers sa fin.

TABLE DES MVSCLES du Carpe.

Les Muſcles, qui ſeruent à mouuoir le carpe, ſont cinq,

Trois externes, qui leuent le carpe,

Le premier, lequel eſt appellé des Anatomiſtes, Bicornis, pource qu'il ſemble auoir deux tendons, mais ce ſont deux muſcles, car ils ont toutes les conditions requiſes à deux vrais muſcles, tant à leur origine qu'à leur inſertion, & couuerts de leurs tuniques: L'origine de l'vn eſt du bras au deſſus du tubercule externe, auec vn fort & robuſte tendon, & s'inſere au premier article de l'index.

Le ſecond prend ſon origine aupres de ſon compagnon, & s'inſere auec vn fort tendon à la premiere articulation du doigt moyen, quelques-fois ſe trouuent double, lequel l'on peut proprement appeller bicornis.

Le troiſieſme prend ſon origine du radius pres de l'olecrane, & s'inſere deſſus le premier article du petit doigt.

Deux internes, qui baiſſent le carpe,

Le premier prend ſon origine du tubercule interne, & ſon implantation eſt au premier os du carpe ſous le petit doigt.

Le ſecond auſſi flechiſſeur prend ſon origine du plus haut dudit tubercule interne, & s'inſere à la racine du poulce.

TABLE DES MVSCLES DES extremitez des doigts.

Les Muſcles qui meuuent l'extremité des doigts, ſont en nombre neuf de chaſque main, à ſçauoir,

Quatre internes, qui prennent tous leur origine du tubercule interne du coude, & le flechiſſent,

Le premier, eſt appellé Palmere, qui ne ſe trouue pas en tous: il ſort du tubercule interne du bras, & deſcendant le long du coude, s'inſere au premier article des quatre doigts, auquel on trouue deux petits muſcles ſur l'hypotenar.

Le ſecond, eſt celuy qui eſt troüé, & ſort du tubercule interne d'embas du bras, & s'inſere au ſecond article des quatre doigts.

Le troiſieſme, perforant ou troüant, ſort de l'interne partie du coude, & perfore le ſecond muſcle: il s'inſere au troiſieſme article des quatre doigts pour les fleſchir. Ces deux muſcles ſont attachez à la premiere & ſeconde phalange de tous les quatre doigts, par vn fort & robuſte ligament, qui repreſente vn anneau, au deſſous duquel les deux tendons perçent.

Le quatrieſme, ſort de l'anterieure, & ſuperieure partie du radius, & s'inſere au premier article du poulce.

Cinq externes, leſquels eſtendent les doigts,

Le premier, appellé extenſeur des doigts, ſort du tubercule externe, & de ſon tendon quadruple, s'implante au trois articles des quatre doigts, les eſtendant.

Le ſecond, ſort du milieu du radius, & s'inſere au ſecond article de l'index.

Le troiſieſme, ſort du radius vn peu plus haut que le precedant, & s'inſere au ſecond article du poulce.

Le quatrieſme, s'en va, & s'inſere auec deux tendons à la racine du poulce.

Le cinquieſme, ſort de l'apophyſe du radius apres de l'olecrane, & s'inſere à la racine du petit doigt.

TABLE DES MVSCLES de la main.

Les muscles qui meinent la main, sont dix & neuf, à sçauoir,

Il y en a sept du poulce, sçauoir trois dessus le mont de Mars autrement dit thenar.

Trois dessous, & le septiesme exterieur sortant de la racine du poulce, & s'insere au premier article de l'index, & est appellé l'antiladre, d'autant qu'il est fort consommée en iceux.

A l'hypotenar en y a deux, qui prennent leur origine du premier os du carpe regardant le petit doigt : & se vont inserer à la premiere articulation d'iceluy, partie interne & inferieure : leur action est de flechir les doigts, & les tirer en dehors.

Quatre vermiculaires, qui sortent quatre tendons du troisiesme muscle fleschisseur des doigts, & s'inserent entre les doigts pres la premiere articulation auec les intermetacarpiaux : les action est de dresser les doigts.

Six appellez intermetacarpiaux, à sçauoir trois internes, & trois externes, lesquels estendent la main auec les vermiculaires, d'autant que lesdits vermiculaires, & intermetacarpiaux ne font qu'vn tendon à chasque doigt, & se vont inserer obliquement à la derniere articulation exterieurement.

Les

TABLE DES MVSCLES DE la teste.

Les muscles mouuants la teste, sont dix, & huict, à sçauoir neuf de chasque costé,

Le premier, se peut, à cause de sa figure, appeller triangulaire, & prend son origine de la cinquiesme espine des vertebres du dos, & de la troisiesme du col, & se va inserer, ou implanter à la suture lambdoide, ou au dessous d'icelle à l'asperité de l'occiput, & aux apophyses transuerses des trois premieres spondyles du col.

Le second, tendineux, qui pourroit estre diuisé en plusieurs, sort de la quatriesme & cinquiesme vertebre du thorax, & s'insere au milieu de l'occiput.

Le troisiesme large, & oblique, sort de l'espine de la seconde vertebre, & s'insere à la racine de l'occiput.

Le quatriesme, petit, sort de la premiere vertebre, & s'insere à la racine de l'occiput.

Le cinquiesme, sort de l'espine de la seconde vertebre, & s'insere à l'apophyse transuerse de la premiere vertebre, lequel proprement deuroit estre attribuée au col.

Le sixiesme, sort de l'apophyse transuerse de la premiere vertebre, & s'insere à l'occiput, & fait vne figure triangulaire auec le troisiesme & cinquiesme.

Le septiesme flechisseur, vient de la partie superieure du sternum, & s'insere à la procedure ou apophyse mammillaire.

Le huictiesme, aussi flechisseur, prend son origine ou naissance de la clauicule, & se va implanter vn peu au dessoubs de l'autre, à la racine ou commencement de l'apophyse mammillaire.

Le neufiesme, aussi flechisseur, prend son origine de la premiere vertebre du dos, lequel ne se peut diuiser que premierement ceux de l'os hyoide, & du larynx n'ayent esté monstrés, d'autant qu'ils sont entierement cachez soubs eux, & adherent fort contre le corps de toutes les vertebres du col, & s'inserent à l'os sphenoide, autrement appellé cuneiforme, pres l'apophyse dite pterigoide.

Les oreilles ont quatre muscles à sçauoir, Deux chascune, qui prennent leur origine de la partie moyenne de l'os petreus dit en grec lytoides, & s'inserent au cartilage de ladite oreille, partie superieure: l'action desquels est pour l'estirer en arriere au contraire du pannicules charneux, qui les tire en deuant.

TABLE DES MVSCLES DV COL.

Les Muscles du col, sont huict, quatre de chasque costé,

Deux anterieurs mis soubs l'esophague: ils sortent de la seconde vertebre du dos, & s'inserent à l'apophyse de la premiere vertebre du col par le deuant.

Deux appellez schalenes larges au commencement, & vont en estressissant: ils sortent de la partie superieure de la premiere coste, & s'implantant aux apophyses anterieures des vertebres du col.

Deux transuersaux, sortans de la racine de l'apophyse de la sixiesme vertebre du thorax, & de toutes les autres, & se vont attacher aux apophyses des vertebres du col par le derriere.

Deux appellez espineux, qui prennent leur origine de l'espine de la septiesme vertebre du thorax, par dessus toutes celles dudit thorax, & du col: & s'inserent à l'espine de la seconde vertebre, le retirant en arriere.

Les

TABLE DES MVSCLES DE l'os hyoide.

Les Muscles de l'os hyoide sont en nombre de huict, à sçauoir quatre de chasque costé,

1. Le premier des quatre prend son origine de la partie superieure du sternum, & couchant sur le premier du larynx assez large & longuet, s'en va inserer à la partie inferieure dudit os hyoide.

2. Le second prend son origine & naissance de l'extremité du menton, lequel est de figure quasi triangulaire, & s'en va inserer en la partie superieure dudit os hyoide.

3. Le troisiesme prend son origine pres du coracoyde ou anchyroide de l'omoplate, lequel est fort long & gresle, & est tendineux au milieu : Galen le met au nombre de ceux qui meuuent l'omoplate, mais il seroit tres-mal appuyé par vn tel fardeau : tellement qu'il vaut mieux poser son origine à l'omoplate, & son insertion à l'os hyoide vers la partie laterale.

4. Le quatriesme, fort petit & gresle, prend son origine de l'apophyse styloide ou graphyoide, & s'en va inserer à la pointe, ou corne de l'os hyoide, il est percé au milieu pour donner passage au muscle qui ouure la mandibule inferieure, à fin que ledit muscle s'attachast à la corne dudit os, & luy seruit de troclee pour faire l'action de ladite mandibule droit, tout ainsi qu'vne polie, pour tirer là où ladite polie visera.

Outre l'opinion des Anatomistes Anciens & Modernes, ie trouue vn cinquiesme muscle à l'os hyoide fort petit, lequel prend son origine de l'extremité du menton, au dessous du second, & s'insere à la partie superieure de l'os hyoide, au dessous de l'autre: Son action est d'aider au second, pour tirer l'os hyoide en haut.

TABLE DES MVSCLES du larynx.

Les Muscles du larynx, sont quatorze, lesquels sont,

Communs, lesquels viennét d'ailleurs que du larynx : Ils sont cinq en nombre,

- Le premier, & second sortent de la partie interne du stenum, & s'inserent à la partie inferieure & exterieure du cartilage hyoide ou scutiforme : ils le dilatent en haut, & le serrent en bas.
- Le troisiesme, & quatriesme sortent de la partie anterieure de l'os hyoide, & s'inserent en la partie inferieure du cartilage scutiforme, & sont contraires en action aux premiers.
- Le cinquiesme semble à vn sphincter, & embrasse l'esophague, & aide fort à la transglutition.

Propres, ainsi nómez, pource qu'ils viennent du larynx, & s'inserent au larynx mesme: ils sont neuf en nombre,

- Le premier, & second sortent de la sommité de l'annulaire exterieurement, & s'inserẽt à la partie anterieure du scutiforme.
- Le troisiesme, & quatriesme commencent de la partie posterieure & interne de l'annulaire, & s'inserent à l'arithenoide.
- Le cinquiesme, & sixiesme, internes, sortent du scutiforme, & s'inserent à l'annulaire.
- Le septiesme, & huictiesme sortent de la base inferieure du scutiforme, & s'inserent à l'anterieure partie de l'annulaire.
- Le neufiesme est seul sans compagnon : il sort de la racine de l'annulaire, & s'implante à l'arithenoide : il s'appelle sphincter.

Les

TABLE DES MVSCLES DE *la langue.*

Les muscles qui meuuent la langue sont dix, selon aucuns neuf, selõ les autres onze,

Le premier paire sort de la base de l'os hyoide, & se termine au haut de la langue, la tirant en arriere. Ces deux sont grands,& contigus, ayant toute sore de fibres, de sorte que bien difficilement sont ils separez.

Le second pareil, sort de l'interieure partie du menton, & s'en va droit à la racine de la langue, la faisant tirer hors.

Le troisiesme pareil,contient deux muscles grelles sortans du styloide,qui s'inserent au costé de la langue aupres de sa racine, l'action du quel est l'attirer en haut.

Le quatriesme paire, prend son origine de la mandibule inferieure à l'endroit des dents molaires ; & s'insere au costé de la langue interieurement, l'action de ces muscles est de poser la langue ça & là en maschant.

Le cinquiesme paire sort des procedures, ou auancement de l'os hyoide,& s'insere au costé de la langue.

L'onziesme muscle selon aucuns est en la racine de la langue sortant de l'os hyoide,son action est de l'attirer en arriere.

TABLE DES MVSCLES DE la maschoire inferieure.

Les Muscles de la mandibule inferieure, sont en nõbre de huict, quatre de chasque costé.

Le premier des quatre est dict Crotaphite ou Tẽporal. Il prend son origine d'vne partie de l'os Coronal du Bregma de l'os Petreus, & remplit toute la cauité des temples, au dessoubs du Zygoma. Il s'en va inserer au Proces de la mandibule inferieure dit Coronon & la ferme.

Le second est dict Masseter ou Mascheur. Il a double teste sortant de l'inferieure partie du Zigoma, & s'implante en l'angle posterieur de la mandibule inferieure, son vsage est de mouuoir la maschoire lateralement d'vn costé & d'autre pour mascher la viande.

Le troisiesme caché dans la bouche, naissant de l'apophyse pterygoide, se va inserer en la partie interne de la mandibule inferieure à l'endroict, où le troisiesme s'insere.

Le quatriesme est fort gresle, nerueux au milieu, sortant de l'apophyse mammillaire aupres du styloide, & s'implãte à l'interieure partie du menton. C'est celuy qui perce le quatriesme de l'os hyoide. Son action est de tirer la maschoire inferieure en bas & de l'ouurir, on l'appelle vrayement Digastrique, c'est à sçauoir ayant deux ventres: car à son origine & insertion, il est charneux, & au milieu gresle & nerueux.

TABLE DES MVSCLES DE LA RESPIRATION.

Les Muscles qui sont dediez à la respiration, sont en nombre de soixāte & cinq, en ce comprins les huict de l'epigastre, & le diaphragme: ces muscles sont,

- Propres lesquels sont six de chasque costé,
  - Le premier prend son origine de la partie interieure de la clauicule, & s'insere au cartilage de la propre coste.
  - Le second est appellé Serratus maior, autrement grand dantelé: il prend son origine de toute la base interne, de l'omoplate, & s'insere aux os des neuf costes superieures, là où le muscle de l'epigastre oblique ascendant externe se va inserer en forme de doigts.
  - Le troisiesme prend son origine des espines des trois superieures vertebres du col, & de la premiere du dos, ayaut son commencement large & membraneux, & s'insere entre les espaces des quatres premieres costes du dos.
  - Le quatriesme, quarré, ou quadrangulaire, sort des espines de la dixiesme & onziesme vertebre du dos, & des superieures des lombes, & s'implante aux quatre costes inferieures en forme de doigts.
  - Le cinquiesme sort des espines de l'os sacrum, des lombes, & de tout le dos, & s'implante aux racines des douze costes, par autant de tendons en montant, & en descendant.
  - Le sixiesme est couché sous le sternum du long d'iceluy.
- Cōmuns sōt vingt & deux de chasque costé appellez intercostaux, lesquels sōt,
  - Onze externes entre les espaces des douze costes, ils prennēt leur origine des apophyses transuerses des vertebres du dos, à l'endroit là où la coste se vient à articuler auec ladite apophyse, & de toute la partie inferieure de la coste: ils se vont inserer obliquement à la partie superieure de l'autre coste.
  - Onze internes, qui prennent leur origine vn peu plus auant que les externes, à l'endroit là où les costes se font plus gibbeuses, & se vont aussi inserer obliquement, faisant les fibres d'iceux vne figure semblable à vne croix sainct André.

Il y reste vn muscle sans pair, lequel est nommé diaphragme ou mur moyen, c'est le premier & principal instrument de la respiration libre: Outre tous ceux-cy il y faut adiouster les huict muscles de l'Epigastre, lesquels seruent aussi beaucoup à la respiration contrainte & violente.

TABLE DE LA PLEVRE.

A la pleure, ou membrane souscostale derniere partie contenante du thorax, faut remarquer,

- **Son origine,** Qui est des petites fibres de la dure mere, sortant des trous là où passent les nerfs intercostaux, & non du peritoine qui couure les vertebres : car le sentiment de la pleure est plus exacte.
- **La situation,** Qui est par tout le ventre moyen, & donne vne membrane à vne chacune partie pour les contenir l'vne auec l'autre fermes.
- **La connexion,** Qui est auec toutes les vertebres & costes, qu'à grand peine peut-on separer sans rompre, & aussi auec toutes les autres parties terminantes le thorax.
- **Le nombre,** Qui est seule, toutesfois double, comme les autres membranes, pour la couuerture des veines dedicees à sa nourriture, & non point cõme quelques-vns pensent internes, & externes.
- **La quantité, figure,** Qui est fort longue, & large, toute telle que l'interne capacité du thorax : mais en son espesseur fort mince & desliee.
- **L'action & l'vsage,** Qui est du tout semblable au Peritoine : car tout ainsi que le Peritoine couure toutes les parties du ventre inferieur, de toutes parts aussi ladite membrane couure toutes les parties du ventre moyen, tant deuant que derriere, & aux costez.

Au

TABLE DV MEDIASTIN.

Au mediaſtin premiere partie contenuë du thorax, ſuiuant l'ordre de diſſection, faut remarquer,	La ſubſtance,	Qui eſt membraneuſe comme la pleure, & toutes les autres membranes du corps.
	La compoſition,	Qui eſt pareille à celle de la pleure : car tout ainſi que ladite pleure reçoit nerfs, veines & arteres de toutes les parties auſquelles elle eſt annexee, auſſi fait ce mediaſtin, mais plus de la ſouſternique que d'autre.
	Le nombre, & origine,	Qui eſt ſeul vnique, & ſans pair, fait de deux membranes produites de la pleure, ſe refle-chiſſant du ſternum iuſques vers le corps des vertebres, & laiſſant ſeulement vers le coſté gauche lieu au pericarde.
	Le temperament,	Qui eſt tel que de la pleure, froid & ſec comme des autres membranes du corps.
	La quantité,	Qui contient en longueur tout le thorax, & en profondeur fort deſliee, repreſentant quaſi vne toile d'araigne.
	La figure,	Qui eſt fort longue, contenant preſque tout le ſternum, & aſſez large vers le bras pres le cartilage Xiphoide : ſa cauité aſſez ample eſt toute remplie de petites fibres membraneuſes.
	L'vtilité,	Qui eſt de ſeparer les parties vitales en dextre & ſeneſtre, à fin que l'vne eſtant bleſſee, l'autre demeuraſt en ſon entier.

TABLE DV PERICARDE.

Au Pericarde autrement dit Capsule du cœur, faut remarquer plusieurs choses, à sçauoir,

L'origine, Qui est de la base ou fondement du cœur, & non des ligaments des vertebres, comme quelques recens Anatomiques pensent.

La substance, & figure, Qui est dure, dense, & fort espesse sans aucunes fibres : Sa figure est semblable à celle du cœur, laissant interieurement espace assez grãde pour son mouuement libre, lequel nous appellons diastole, & sistole.

La quantité, & composition, Qui est vn peu plus grande que celle du cœur, qu'elle doit contenir : Sa composition est de double tunique, l'vne propre & l'autre commune venant de la pleure : le propre des nerfs, veines & arteres sousterniques, en partie de la phrenique, & des nerfs de la sixiesme coniugaison.

Le nombre, situation, & connexion, Qui est seul vnique & sans pair : Sa situation est autour du cœur, & est annexe par ses membranes auec le base d'iceluy, à ces vaisseaux, & à l'origine des poulmons.

Le temperament, & vsage, Qui est froid & sec, comme toutes les autres membranes : Son vsage est de couurir le cœur, & de contenir l'humidité naturelle & sereuse, qu'il contient pour le refroidissement d'iceluy.

Le

TABLE DV COEVR.

Le cœur est siege de la faculté vitale, principe de vie, origine des arteres: en iceluy nous deuons remarquer,

La figure, qui est comme vne noix de pin, ou en façon de pyramide, ayant sa base fort large, & terminant petit à petit en pointe.

La situation, qui est au milieu du thorax, i'entens la base proprement, car la pointe panche plus du costé gauche que du droit, & est plus pres du diaphragme que des clauicules : outre ce elle incline plus audeuant qu'au derriere.

La grandeur, qui n'est point esgale à tous animaux, car les plus courageux l'ont plus petit, les plus timides plus grand & plus lache.

La temperature, chaude & seche.

La compositiõ qui est de plusieurs parties similaires, sçauoir est,
- De chair dense, solide, tissue de trois sortes de fibres.
- De deux veines appellees coronaires, qui luy seruent de nourriture.
- D'arteres qui ont le mesme nom.
- D'vn nerf de la sixiesme coniugaison.
- De beaucoup de graisse qui sert pour l'humecter, & rafraischir.

Organiques qui sõt deux principales, appellees vẽtres ou sinositez,
- Le dextre appellé sãguin, qui sert pour l'elaboration du sang: en iceluy nous remarquons,
  - Vne oreille creuse & ample, pour seruir de receptacle, & reseruoir au sang quand il vient en trop grande quantité.
  - Deux gros vaisseaux appellez veines,
    - La veine caue qui apporte le sang au cœur, pour estre subtilié, & attenué,
    - La veine arterieuse, qui rapporte le sang attenué aux poulmons pour leur nourriture.
  - Six valuules, autrement appellees membranes ou portelettes, desquelles y en a,
    - Trois à l'orifice de la veine caue ouuertes par le dehors, & fermees dedans.
    - Trois à l'orifice de la veine arterieuse au contraire.
- Le senestre appellé spirituel, pour ce que là s'engendre l'esprit vital, auquel on remarque,
  - Vne oreille pour contenir l'air, & pour seruir d'esuantoir.
  - Deux gros vaisseaux appellez arteres,
    - La grande artere qui aporte l'esprit vital par tout le corps.
    - L'artere veneuse qui apporte l'air des poulmons, & chasse les fumees dehors.
  - Cinq valuules, trois à l'orifice de la grand'artere, ouuertes par le dedans, fermees par le dehors, & deux à l'artere veneuse.

TABLE DES ARTERES.

Du senestre ventricule du cœur sort la grande artere appellee Aorta des Grecs, la distribution de laquelle est quasi semblable à celle de la veine caue, d'autant que chasque veine est accompagnee de son artere: nous la diuiserons en deux,

- Au trõc lequel s'en va depuis le cœur iusques aux isles d'iceluy sortent plusieurs arteres,
  - La coronaire, laquelle vient de l'aorte, auant qu'elle sorte du cœur.
  - L'intercostale, laquelle represente l'azygos, & s'en va par toutes les costes.
  - Les phreniques qui s'en võt par tout le diaphragme.
  - La cœliaque la plus grande de toutes s'en va à l'estomach, au foye, à la ratte, à l'epiploon.
  - La mesenterique inferieure s'en va au mesocole.
  - La mesenterique superieure s'en va au mesentere des intestins gresles.
  - La renale, entre en la substance du Rein, comme la veine emulgente.
  - La spermatique, s'en va au testicule apporter le sang arterial, & l'esprit vital pour la generation de la semence & se confond auec la veine, de façon qu'on ne la peut separer.
  - La lombaire, s'en va aux lombes.
- Aux rameaux qui sõt deux,
  - Ascẽdãs sõt nõmez soubsclauiers, d'iceux sortent plusieurs arteres,
    - Les carotides, lesquelles mõtans par les costes de la trachee artere, & enuoyãt plusieurs rameaux aux parties voisines, s'ẽ võt à la base du cerueau vers les apophyses clinoides de l'os sphenoide, & là fõt le rets admirable de Galẽ: apres mõtẽt aux ventricules superieurs du cerueau, & fõt le plex⁹ choroides, qui est le rets admirable de Colũbus: & de là encor s'en vont iusques au 4. ventricule.
    - La ceruicale, laquelle passant par les trous des apophyses transuerses du col s'en va aussi au cerueau.
    - L'humeraire, laquelle passant par dessus l'espaule s'en va au bras.
    - La thoracique, qui s'en va aux muscles situez anterieurement à la poictrine.
  - Descẽdãs appellés iliaques, d'iceux sortẽt de chasque costé 5. arteres.
    - La musculeuse, qui va aux muscles Psoas.
    - La sacre, à l'os sacrum.
    - L'epigastriq; mõte par dess⁹ le muscle droit
    - L'epogastrique, s'en va à toutes les parties de l'hypogastre.
    - La honteuse, au pudendum.
    - Le reste qui va aux cuisses se nõme crurale

Au

TABLE DV POVLMON.

Au poulmon, faut remarquer,

- La substance, & couleur, — Qui est molle, rare, & spongieuse plus que toute autre partie du corps: De couleur changeante entre rouge & blanc, representant le sang bilieux & arterial.
- La composition, — Qui est de nerfs de la sixiesme coniugaison, de la veine arterieuse, du dextre ventricule du cœur, artere veneuse du senestre, d'vne tuniqne de la pleure, de la trachee artere, des bronchies dissemines par toute la substance, & de la propre chair descripte cy dessus.
- Le temperament, — Qui est plus chaud que froid à raison de la chair, qui est faite, & entretenue de matiere chaude, pour plus facilement faire son action, qui est de se mouuoir.
- Le nombre, & grandeur, — Qui sont assez grands remplissans presque toute la cauité du thorax diuisée en deux, dextre & senestre, desquels chacun a deux lobes.
- La figure, — Qui est semblable à vn pied de bœuf fort espois en sa base, & mince en son extremité, comme tu le peux voir en le souflant par la trachee artere.
- La situation, & connexion, — Qui est au milieu de tout le thorax, au tour du pericarde, leur connexion est auec le cœur en sa base membrane, veines, arteres, & nerfs de la sixiesme coniugaison, & aussi à la racine des costes, & corps des vertebres, & quelquesfois naturellement à la circonference des costes, par petite apophyse membraneuse, prouenante de la pleure.
- L'vsage, — Qui sert à l'inspiration pour apporter l'air frais au cœur & le temperer: à l'expiration pour rejetter les excremens fuligineux, & vapeurs qui s'engendrent en iceluy: contient aussi l'air matiere de la voix.

TABLE DE LA TRACHEE artere.

A la trachee artere, ou canne pes poulmons, faut remarquer,

- **La substance,** Qui est cartalagineuse, & ligamenteuse, & faite de plusieurs pieces pour se mieux dilater en formant la voix.
- **La composition,** Qui est de veines venantes des iugulaires internes, des arteres carotides, d'vn rameau de nerfs de la sixiesme coniugaison, que nous appellons nerfs recurrens, de double membrane, & de plusieurs anneaux imparfaits, pour donner lieu & passage à l'esophague sans le presser.
- **Le nombre, & situation,** Seule, sa situation est apres le larynx, duquel elle prend son origine vers le poulmon, auquel elle se dissemine, se diuisant en deux grands rameaux, vn à dextre, l'autre à senestre, & vn chacun d'eux en nombre infini, lesquels rameaux sont appellez bronchies: il faut remarquer qu'au dessous de ceste diuision est posee vne glande appellee thymus ou fagouë, pour luy seruir de cuissinet, & d'humectation.
- **Connexion,** Auec les susdites parties par ses extremitez.
- **La quantité, & figure,** Est assez grande en grosseur & longueur: sa figure est ronde & creuse.
- **Son temperament, action, & vtilité,** Froid & sec comme les autres parties spermatiques: son action & vtilité est d'apporter l'air au poulmon & au cœur, pour les rafraischir, & de rejetter l'excrement fulgineux hors par la bouche: c'est aussi vn des instrumens de la voix.

TABLE DE LA VEINE CAVE ASCENDANTE.

Le tronc ascendant passant par le diaphragme monte iusques au cerueau : en iceluy nous remarquons,

- Les surgeons qui sont quatre,
  - 1. Phrenique, qui s'en va par tout le diaphragme, que les anciens Grecs appelloient φρένας.
  - 2. Coronaire, qui s'en va tout à l'entour de la base du cœur, le ceignant en façon de couronne · c'est pourquoy on luy a baillé le nom.
  - 3. Azygos, c'est à dire sans pair, pource qu'il se trouue seulement du costé droit : il enuoye vn rameau à chacune des huict costes inferieures, & autant en fait-il au costé senestre.
  - 4. Intercostal, qui s'en va aux quatre costes superieures. Il est vray que souuent il ne se trouue point, & lors l'azygos sert d'intercostal.
- Les rameaux qui sont deux.
  - Soubsclauier, qui est dessous les clauicules, d'iceluy sortent plusieurs veines.
    - 1. La mammiare, ainsi nõmee encore que fort impropremẽt; car elle ne va point aux mammelles, mais descend par dessous le sternũ, nourrissant le muscle triangulaire.
    - 2. La Ceruicale, laquelle passant par les trous des apophyses transuerses des vertebres du col, s'en va au cerueau.
    - 3. La Capsulaire, laquelle va tout le long du pericarde.
    - L'axillaire, de laquelle sortent
      - Les thoraciques, lesquelles s'en vont au muscle pectoral, & aux mammelles.
      - La cephalique, appellee humerale externe.
      - La basilique, nõmee hepatique, ou interne, pource qu'elle passe par la partie interne du bras.
      - Et de ces deux iointes ensemble, vers la fleschisseure du cubitus, se fait la veine commune appellee mediane.
  - Susclauier, qui est au dessus des clauicules, d'iceluy sortent deux iugulaires.
    - L'externe, laquelle est plus petite, & passe par le pannicule charneux, se distribuant en vne infinité de rameaux par tout le cuir du visage.
    - L'interne beaucoup plus grosse s'en va finir & terminer au cerueau, passant par le sinus de la dure mere.

Ayant acheué la description du ventre moyen,& parties adiacentes, il faut maintenant venir au superieur, qui est la teste, commençant aux parties externes.

TABLE DES MVSCLES DE la face.

Les muscles de la face sont douze, à sçauoir,

1. Le premier est le Pannicule charneux estendu par toute la face, & est quasi inseparable d'auec le cuir: il prend son origine de la partie superieure de la clauicule, & ne se peut trouuer en autre partie de nostre corps,sinon au scrotum.
2. Le second sort de l'anterieure partie du menton, & s'insere au buccinateur & trompeteur.
3. Le troisiesme sort du zygoma, & s'implante au mesme buccinateur superieur.
4. Le quatriesme est le buccinateur,sortant de la partie superieure & interne de la mandibule inferieure, & aussi du proces pterigoide, & s'insere à l'embouchement du sphincter de la bouche.
5. Le cinquiesme vient de la racine du zygoma, & s'insere à la pointe du nez.
6. Le sixiesme,fort menu,sort pres du sourcil vers le grand chanthus ou angle de l'œil, & est porté du long du nez, & s'insere au cartilage d'iceluy.
7. Le septiesme sort du grand chanthus, enuironne tout l'angle,& finit au petit chanthus.
8. Le huictiesme enueloppe tout le tarse, c'est à dire l'extremité des paupieres.
6 Le neufiesme est dans la bouche au dessous de la leure superieure,& s'insere pres la racine des dents.
10. Le dixiesme, semblable au susdit, à la leure inferieure.
11. L'onziesme sort de l'occiput, & s'en va aux oreilles qu'il fait bien souuent mouuoir auec leurs muscles.
12. Le douziesme est le spincter de la bouche, naissant ou ou prenant son origine de l'extremité des leures.

Les

TABLE DES MVSCLES DE *la palpebre superieure.*

Les muscles qui meuuent la palpebre superieure sont trois, à sçauoir vn pour l'ouurir, & deux pour la fermer,

Le premier prend son origine du mesme lieu que les cinq qui meuuent l'œil, sçauoir du fonds de l'orbite, & s'en vient au dessus du premier qui leue l'œil en haut, & s'insere au tarse depuis le grand chanthe iusques au petit, son action est pour ouurir ladite palpebre.

Le second est fait comme vn sphincter, qui prend son origine de tout le sourcil, & d'vne partie de l'os sygoma, & s'insere au grand chanthe : Son action est de fermer ladite palpebre.

Le troisiesme est fort petit, & difficile à trouuer : il est tout autour du tarse, & s'en va ioindre pres l'autre au grand chanthe : Son action est de fermer la palpebre.

TABLE DES MVSCLES DE l'œil.

Les muscles qui meuuent l'œil sont six,

Quatre, lesquels prennent leur origine du fonds de l'orbite au lieu où le nerf optique vient à sortir, & s'implantent à la tunique dite Adnata.

1. Le premier le meut en haut, lequel s'appelle Attollens, ou superbus.

2. Le second en bas, lequel s'appelle deprimens, ou humilis.

3. Le troisiesme vers le grand cante, lequel s'appelle Adducens, Lyseur, ou Beueur.

4. Le quatriesme vers le petit cante, au coing de l'œil, lequel s'appelle indignatorius, ou courroucé.

5. Deux qui font l'action à demy circulaire, desquels l'vn prend son origine du mesme lieu que les quatre premiers, & vient s'attacher au sourcil pres le grand cante, & passe dans vne troclee ou polye : son action est de tirer l'œil vers le nez, lequel s'appelle circumagens, autrement Amoureux.

6. L'autre sort de l'os dit malum, & s'implante à la tunique dite Adnata, son action est de tirer l'œil vers le petit cante vn peu obliquement.

A l'œil

TABLE DE L'OEIL.

A l'œil, instrumẽt de la veuë, faut remarquer,

- La graisse,
  - Pour le tenir humide, à fin qu'il ne se desseche par son mouuement continuel.
- Les vaisseaux, qui sont six, à sçauoir,
  - Deux,
    - Le premier, appellé optique, pour apporter l'esprit visible.
    - Le second, de la seconde coniugaison, pour le mouuement.
  - Deux arteres,
    - Venant des carotides internes, pour la viuifier.
  - Deux veines,
    - Pour les nourrir, venant des iugulaires internes.
- Les mẽbranes ou tuniques qui sont six,
  - Conionctiue ou adnate,
    - Laquelle vient du pericrane, & s'appelle cõmunement le blanc de l'œil.
  - Cornee,
    - Qui prend son origine de la dure mere, & est dite telle pour la similitude qu'elle a à vne corne de lanterne, laquelle est double.
  - Vuee,
    - Prend son origine de la pie mere, est dite telle à la semblance d'vn grain de raisin en sa partie interieure.
  - L'ensiblistroide, ou retiforme,
    - Vient des optiques dilatez en forme de tunique, & est tissue comme vn ret de veine & d'artere.
  - Aragnoides,
    - Appellee telle, pour la similitude qu'elle a à vne toile d'araigne.
  - La ciliere,
    - Laquelle est au dessus de l'humeur vitree, faisant vn rond comme de poil à l'entour du cristalin.
- Les humeurs qui sõt trois,
  - Cristalin,
    - Qui est à bõ droict appellé tel, pour la semblance qu'il a au cristal : car il est clair & transparant.
  - Albugineux, ou vitree,
    - A la semblance qu'il a au blanc d'œuf, ou au verre fondu, & reuestit tout le cristalin.
  - L'aigueux,
    - Qui est appellé ainsi pour la semblance de l'eau, il nage par tout, & est trouué le premier à la demonstration, l'albugineux le second, le cristalin le dernier.

A la

TABLE DE LA TESTE.

A la teste nous deuons remarquer deux sortes de parties,

- Les contenantes, qui sõt doubles,
  - Cõmunes, sçauoir est,
    - Le poil.
    - L'epiderme.
    - Le cuir vray.
    - La graisse.
    - Le panicule charneux.
  - Propres, qui sont,
    - Le pericrane, membrane tres solide appellee ailleurs perioste, elle naist des fibres de la dure mere, qui passent par les sutures, & couure de tous costez exterieurement le crane.
    - L'os du crane duquel a esté parlé à l'osteologie.
    - Les meninges autrement appellees meres qui sont deux,
      - La dure ainsi nommee, par sa solidité, elle est en tout & par tout double, & au milieu principalement: elle entre iusques au milieu du cerueau en façõ de faux. En icelle nous remarquons quatre sinus ou sinuosités. Deux lateraux suyuãt la suture lãbdoide, vn autre selon le long allant iusques au nez. Le quatriesme entre tout droit au cerueau, le rencõtre desquels se nomme torcular.
      - La pie ainsi dite pour la subtilité, c'est la propre couuerture du cerueau, entrant par toutes ses sinuositez, & ne laisse pour tout cela d'estre double.
- Voyez E.

Les

SECONDE TABLE DE LA TESTE.

E.

Les côtenues, c'est le cerueau siege de la faculté animale, principe des nerfs : en iceluy nous remarquons,

La substance, Qui est molle & mouëlleuse.

Sa figure, Qui est exterieurement en façon des intestins interieurement calleuse, & comme vn fromage mollet.

Sa couleur, Laquelle exterieurement est comme cendree, & par dedans plus blanche.

Ses parties, qui sõt deux principales,

Le cerueau anterieur, auquel nous remarquons par l'ordre anatomique toutes ses parties,

1. Le corps cailleux qui est la substance du cerueau plus endurcie.
2. Deux ventricules superieurs faits en façon d'vn croissant de lune.
3. Le septum lucidum, qui est vne portion de la pie mere, les separant.
4. Le plexus choroides au milieu des 2. ventricules qui est le vray ret admirable.
5. Le fornix au dessoubs, qui est comme vne voute à trois pilliers.
6. Le tiers ventricule qui est vne cauité commune faite des deux superieurs ventricules. En ce ventricule y a deux conduits, l'vn anterieur par où il se purge à la glandule pituitaire, & ce par vn entõnoir appellé choana, infundibulum, l'autre posterieur, qui va au quatriesme vẽtre : en ce passage y a plusieurs parties, les fesses appellees nates, les testes, l'apophyse faite en façõ de noix de pin, qu'on nomme conarium, & le vulua.
7. Le quatriesme ventricule, qui est entre le cerueau & le cerebellum vers l'origine de la mouëlle spinale, auquel faut remarquer le calamus, & aussi le septum à la mouëlle spinale, qui diuise la partie droite de la gauche.
8. En fin les 7. paires de nerfs qui sont en deux vers.

Optica prima videt, oculos mouet altera, Tertia gustat, quartáque, quinta audit, sexta vagi, septima lingua.

Le cerebellum, qui est plus dur, plus noirastre, & auquel on remarque seulement l'apophyse faicte en façon de vers, dit le vermiforme.

TABLE DES NERFS.

Les nerfs sont appellez instruments du sentiment, & mouuemẽt volontaire: leur source & origine premiere est au cerueau, il est vray que les vns en sortent immediatemẽt, les autres par le moyẽ de la mouëlle spinale, & pource nous dirõs qu'il y a deux sortes de nerfs,

Les vns viennẽt du cerueau immediatement, & sõt sept paires en nombre,

Le premier, est l'optique, qui s'en va à l'œil pour la vision, c'est le plus gros & le plus mol de tous: ils prennẽt leur origine de la partie posterieure du cerueau, & viennent à s'vnir au dessus des apophyses clenoides, & puis se separent, & s'en vont dans la cauité ou orbite de l'œil, pour apporter l'esprit visif.

Le second, est pour le mouuement de l'œil, & se distribue en sept petits rameaux, six desquels s'en vont aux six muscles de l'œil, non seulement pour les mouuoir, comme vn chacun estime, mais aussi pour leur sentiment, le septiesme s'en va à la palpebre superieure pour le mouuoir.

Le troisiesme, & quatriesme, s'en vont à la langue pour le goust, il est vray que passans enuoyent de petits rameaux aux crotaphites & aux dents.

Le cinquiesme, s'en va à l'oreille, & estant paruenu pres du tympanum, se diuise en deux, la plus grande partie sert pour l'ouye, l'autre s'en va iusques au larinx, qui est cause qu'on tousse lors qu'on touche le tympanum, en grattant trop auant dans l'oreille.

Le sixiesme court quasi par tous les visceres : pource on l'appelle vagum, il descend par les costez de la trachee artere ioint à la carotide, & estant venu à la clauicule se diuise du costé droit en trois rameaux,

- Le premier remonte par dessous l'artere sousclauiere aux muscles du larynx, & est instrumẽt principal de la voix: c'est pourquoy on l'appelle recurrent,
- Le second s'en va le long des costes & se nõme costal.
- Le tiers est le plus gros, & s'en va le lõg de l'esophague à l'orifice superieur de l'estomach: on l'appelle stomacique.

Le septiesme s'en va aux muscles de la langue, pour leur mouuement, & va aussi aux muscles de l'os hyoide.

Voyez la table suyuante.

Les

SECONDE TABLE DES NERFS.

Les autres viennēt de la moüelle spinale, qui est cōme une queue, ou appendice du cerueau: nous la diuiserons selon les parties d'icelle, qui sont quatre,

- Le col, duquel sortēt sept paires.
  - Le premier, sortant de trous de la premiere vertebre, s'en va aux petits muscles de la teste.
  - Le second, s'en va par tout le cuir de la teste, & aux muscles qui viennent de la seconde vertebre.
  - Le troisiesme, s'en va aux muscles de la maschoire inferieure.
  - Le quatriesme, cinquiesme, & sixiesme, s'en vont par tous les muscles du bras, du col, de l'omoplate, & vne portion entrant dans le thorax s'en va au diaphragme.
  - Le septiesme, s'en va au muscle treslarge.
- Le dos, duquel en sortent douze paires, qui s'en vont par toutes les costes interieurement, & exterieurement, par des muscles de l'epigastre.
- Les lombes, desquels sortent cinq, qui s'en vont par les muscles lombaires, & espineux.
- L'os sacrum, duquel sortent six paires, qui se distribuent par tous les muscles voisins: & icy la mouëlle finit en vn gros nerf, lequel se distribue par tous les muscles de la cuisse, de la jambe, & du pied.

Apres auoir acheué la deſcription des ventres de noſtre corps & autres parties d'iceluy, il faut maintenant pourſuiure ce qui reſte des muſcles.

TABLE DES MVSCLES DV DOS, & des lombes.

Les Muſcles du dos, & des lombes ſont huict, quatre de chaſque coſté,

1. Le premier prend ſon origine de la coſte ſuperieure de l'os Ileon, & de ſa cauité, & eſt adherant aux apophyſes tranſuerſes des vertebres des lombes: s'inſerant à la derniere coſte pour flechir le dos en auant.

2. Le ſecond eſt le plus grand de tous les muſcles: car de l'os ſacrum il s'eſtend iuſques à la teſte, & s'attache à toutes les apophyſes tranſuerſes des vertebres, & enuoye des tendons à toutes les eſpines deſdites vertebres.

3. Le troiſieſme ſort de la partie poſterieure de l'os ſacrum, & s'attache aux eſpines des vertebres des lombes, & à celles de l'onzieſme & douzieſme du dos.

4. Le quatrieſme ſort de l'eſpine de la douzieſme vertebre du thorax, & s'attache à toutes les eſpines dudit thorax, & dreſſe le dos.

L'anus

TABLE DES MUSCLES DE l'anus.

L'anus se ferme, se retire en haut par quatre muscles.

Se ferme, Par vn, qui est appellé sphincter, situé à l'extremité de l'intestin droit, & l'embrasse comme vn anneau, & a ses fibres circulaires, & est charneu.

Se retire en haut, par trois,

- L'vn prend son origine du coxendix, & s'insere en la partie superieure du sphincter à partie droite.
- Le second prend son origine du coxendix de la partie senestre, & s'insere au sphincter, comme le precedent.
- Le troisiesme sort de l'extremité du coccyx, & s'insere en la partie superieure & posterieure du sphincter, & tous trois se retirent en haut.

S'ouure par la matiere qui presse.

TABLE DES MVSCLES DE LA CVISSE.

Deux, qui constituent les fesses mis exterieurement, le premier desquels est le plus grãd: il sort du coccys, de l'os sacrum, de toute l'appẽdice ou sourcil de l'os Ileon. & s'insere à la cuisse exterieuremẽt, quatre doigts dessous le grand trochanter.

2. Le second est moyen en grandeur, & de situation, remplissant toute la partie gibbeuse de l'os ileon, il sort du costé de l'os sacrum, & du sourcil de l'os ileon, & s'insere à la reste du grand trochanter en sa superficie externe.

3. Le troisiesme sort de la coste anterieure de l'os ileon, lequel remplit la cauité presque de l'os ischion, & s'implante au grand trochãter, vn peu plus interne que le second. Ces trois muscles tirent la cuisse en dehors ou l'estendent.

4. Le quatriesme sort obliquement des trois vertebres de l'os sacrum, & s'implante en l'appendice du grand trochãter, lequel il tire à soy, tous ses muscles sont externes.

5. Le cinquiesme, appellé par Galien Psoas, est quelquesfois double, il sort de la 10. 11. & 12. vertebre du thorax, & des trois superieures des lõbes, passant par dessus l'os pubis auec vn fort tẽdõ nerueux & long, il s'insere au petit trochanter auquel il est bien attaché.

Les muscles de la cuisse, sõt onze en chacune, à sçauoir,

6. Le sixiesme remplit toute la cauité interne de l'os ileon, sortant de la partie superieure, & de toute la creste ou coste, il s'implante au petit trochanter: ces deux flechissent la cuisse.

7. Le septiesme, large en son origine sort de la partie anterieure de l'os pubis, pres la ioincture, & s'en va obliquement à la partie interieure de la cuisse, à laquelle il est inseré au dessous du petit trochanter, son action est de mettre vne cuisse sur l'autre.

8. Le huictiesme, charneu est le plus grand de tous ceux qui sont au corps, lequel a tant de sortes de fibres qu'on le pourroit diuiser en trois, voire en quatre: il sort de l'interne partie de l'os pubis, du coxendix, & presque lie toute la cuisse interne, à fin de plus facilement leuer ladite cuisse.

9. Le neufuiesme, sort de l'os coxendix aupres du trou de l'os pubis large de trois doigts, & s'attache au grãd trochãter interieurement.

10. Le dixiesme, sort de l'interieure partie de l'os pubis touchant son trou, & s'implante auec son tendon liuide, & rond au col du femur, à l'endroit qu'il est reçeu de l'os ileon.

11. L'onziesme, remplit la cauité exterieure de l'os pubis, & s'attache au grand trochanter par dans & par le bas.

Les

TABLE DES MVSCLES DE LA IAMBE.

1. Le premier semble vne bande, & sort de l'espine de l'os Ileon superieure & interne, & descend obliquement du long de la cuisse par dedans: il s'insere à la iābe interieurement, quatre doigts sous l'articulation du genouil: il estēd la iābe auec le mēbraneux & le droit.

2. Le second, est appellé gresle, ayant son commencement large, mais bien tenu: il sort de la partie anterieure de l'os pubis aupres du cartilage & ioincture: il s'implante par son long tendon & rond en la partie anterieure de la iambe, au dessous du premier.

3 Le troisiesme, est insigne, & sort de l'appendice inferieure du coxendix, son commencement estant nerueux presque iusques au milieu de la cuisse, & s'insere au tubercule interne de la iambe, laquelle il fleschit auec les autres.

Les muscles, qui meuuent la iambe, sont onze de chasque iambe, sçauoir est.

4. Le quatriesme sort du mesme os coxendix, large en son commencement, & par le derriere de la cuisse se va inserer à la partie anterieure de la iambe, entre le premier & le second.

5. Le cinquiesme, sort de la partie exterieure du coxendix pres du 4. prenant vn appendice notable du muscle de la cuisse exterieurement, & s'implante au tubercule superieur du tibia, laquelle il fleschit, & toute la iambe aussi auec le troisiesme & quatriesme.

6. Le sixiesme membraneux, autrement dit fassia lata, enueloppe toute la cuisse & la iambe iusques au bas du pied, & sort de la coste exterieurement de l'os Ileon.

7. Le septiesme, est appellé vaste, ou grand exterieur: il sort du grand trochanter, lequel il enueloppe entierement du long de la cuisse, & s'en va exterieurement en la iambe, & fibule, enueloppant le genouil auec son grand & large tendon.

8. Le huictiesme appellé crural, affiché à l'os de la cuisse entre les trochanteres, auec l'vn de ses tendons, s'insere à la patelle, & auec l'autre qui est charnu, à la iambe par le derriere.

9. Le neufuiesme, appellé aussi vaste ou gros interne, sort de la partie superieure de la cuisse au dessoubs du petit trochanter: s'inserant à la patelle, & en la iambe sur le deuant.

10. Le dixiesme, droict moyen, entre les vastes, sort de l'espine inferieure de l'os Ileon, son commencement estant aigu, nerueux, & rond: Il s'insere droictement au milieu de la patelle, & finalement fait vn tendon auec le septiesme, 8. & 9. tresfort, lequel embrasse la patelle, & puis s'insere au commencement de la iambe, seruant de ligament en c'est endroit au genouil.

11. L'onziesme, est caché soubs le iarret, il sort de la coste du femur exterieurement, & s'insere à la iambe sur le derriere interieurement, & la remue obliquement vers le dehors.

TABLE DES MVSCLES DV PIED.

1. Sept dehors, le premier est appellé gemeau interne, qui sort du tubercule interne de la cuisse, lequel en son commencement est charnu & estroit, mais peu à peu s'eslargit, & couure le milieu de la iambe, & se fait tendineux peu à peu, s'estressissant iusques à ce qu'il soit implanté au plus haut du talon.

2. Le second, dit gemeau externe, semblable au premier, sort du tubercule externe de la cuisse bien pres du genouil, ayant vn tendon commun au premier.

3. Le troisiesme, dit tibieus, gresle: lequel ne se trouue pas en tous, prend son origine de la teste ou tubercule externe de la cuisse pres l'articulation, aigu en son origine, & se finissant en vn tendon rond passe dessus les gemeaux, ausquels il s'attache obliquement, au talon intrinsequement.

4. Le quatriesme, dit soleus, est au dessous de ceux-cy, & est le plus grand de la iambe: il sort de la conionction de la iambe auec le peronee, & s'insere au tendon des gemeaux sous le milieu de la iambe.

Les muscles, qui meuuent le pied, sont donze à chasque pied,

5. Le cinquiesme, appellé osseus, sort de la iambe & fibula, & separe les muscles anterieurs des posterieurs, & se termine à vn tendon rond & robuste, & se perd au tarsus à l'os nommé cyphoide.

6. Le sixiesme, appellé flechisseur des doigts, sort de la partie posterieure de la iambe, son origine estant longue & charneuse: il se termine sous la plante par quatre tendons au troisiesme article des quatre doigts.

7 Le septiesme, long, attaché au cinquiesme, sort de la partie inferieure & anterieure du fibula, & s'insere au secõd article du poulce, lequel il flechit.

8. Le huictiesme, charnu, sort du tubercule exterieur de la iambe, & de l'anterieure partie du fibula, & s'en va droit au tarse, auquel il s'insere sous le poulce.

9. Le neufuiesme, appellé digitorum tensor, estendeur des doigts, sort en partie du fibula, & en partie de la jambe, & s'insere vn peu au dessus du premier article des quatre doigts.

10. Le dixiesme, sort de la partie superieure du fibula, & selon sa longueur tout charnu & gresle, s'insere au dernier article du poulce.

11. L'onziesme, sort du tubercule exterieur du fibula, tout charnu iusques au milieu de ladite fibula, & estant porté dessus le pedion, s'insere à la racine du poulce.

12. Le douziesme sort presque du milieu du fibula exterieurement, & s'insere en l'os du pedion dessous le petit doigt.

Les

TABLE DES MVSCLES DE LA *plante du pied.*

Les mulces du tarse & metatarse, ou plante du pied, sont dixhuict en nombre, à sçauoir, neuf à chasque costé,

1. Le premier est appellé flechisseur des doigts, troüé & charnu, lequel sous le milieu de la plante est couché, & sort de la racine du calcaneus : il s'insere au second article des quatres doigts petits, lesquels il flechit.

2. Le second vient du talon anterieurement attaché à l'os du pedion, qui est mis sous le poulce, & s'en va inserer au poulce par vn tendon presque rond.

3. Le troisiesme esgal en grandeur au second, sort du talon iouxte le premier, & s'attache à l'os du pedion, mis deuant le petit doigt, & se faisant peu à peu gresle, s'insere aussi au petit doigt.

Le quatriesme, cinquiesme, sixiesme, septiesme, sont appellez vermiculaires : ils prenēt leur origine du sixiesme muscle exterieur flechisseur des doigts troüé, non pas de celuy qui perce & se termine à la racine des quatre petits doigts, lesquels ils flechissent & separent d'auec le poulce.

Le huictiesme, neufiesme, dixiesme, onziesme, douziesme, treziesme, quatorziesme, quinziesme, sont appellez entremetatarsiaux, qui sortent du commencement du pedion, & se terminent au premier article des cinq doigts : l'vsage d'iceux est d'aider la flexion du pied, & tirer les doigts en dedans, & dehors obliquement.

Le seziesme est interne, mis sous le poulce.

Le dixseptiesme est mis sous le petit doigt exterieurement.

Le dixhuictiesme est mis dessus le tarse, & pedion caché, & fort subtil, lequel sort du ligament qui cōioint la iābe auec la fibule, & auec le pied : il s'insere en tous les doigts exterieurement, lesquels il estend & fait esloigner d'ensemble.

Fin de l'Alphabet Anatomic.

OBSERVATIONS ANATOMIQVES DE L'AVTHEVR.

OBSERVATION PREMIERE.

LA commune, & plus receuë opinion en l'Anathomie est, que les racines de la veine porte sont au foye, ses rameaux sont espandus par le mesantere & intestins. Ie crois le contraire, c'est à dire ses racines estre aux intestins & mesantere, ses rameaux se terminer au foye, & s'espandre par toute sa substance. Car comme l'arbre tire & prend sa nourriture par ses racines, que Pline à ces fins les nomme *succibibulas*, ainsi le foye tire & succe le chyle par les mesaraiques ou portieres. C'est le dire de Galen, au sixiesme *de Hipp. & Plat. decr.* Or est-il que si les racines sont au foye, & les rameaux aux intestins, ce sera l'arbre renuersé, les rameaux succeront & tireront le chyle, & non les racines, ce qui est ridicule. Ce seroit aussi en vain qu'Hipp. auroit appellé ceste veine, *Vena Porta*. Pource que si elle est ainsi nommee, à cause que rien ne peut entrer au foye qui ne soit attiré & porté par ceste veine, comme voulez-vous que les rameaux le fassent? Et du mesmes les autres l'auroyent en vain nommee la main du foye, se seruãt ledict foye de ceste veine-porte, comme d'vne main, pour luy apporter le chyle, si ledict chile n'est succé & attiré par les racines situees aux intestins à cest effect, plustost qu'au foye. Ce sont toutes les raisons qui m'ont induit & presque contraint à croire, que la sanguificatiõ se faict aux veines, & par les veines eu esgard que dans les veines mesaraiques on n'a iamais treuué autre liqueur que du sang, & que selon Galen au sixiesme *de fœtuum formatione*, les veines sont premieres que le parenchyme, estans parties spermatiques engendrees de la premiere conformation, les ayant nature fabriquees premieres que les visceres. Telle est aussi l'opinion de l'auteur du liure *de Anath. viuorum*. Les parties (dict-il) qui composent, sont premieres que les composees. Mais toute la substãce du foye, est tissuë & composee de vaines ramifiees en forme de labyrinthe inextri triquable. Il faut donc qu'elles soyent premieres que le foye. Et par consequent la sanguification à bon droit se faict en elles, veu aussi qu'il est certain que pour ce faire nature a mis les racines de ladicte veine porte aux intestins, & non au foye, comme l'on a creu iusques icy.

OBSERVATION II.

LEs nerfs n'ont point de cauité sensible : comme quelques vns pensent, ains sont solides, compactes, & durs, lors principalement qu'ils s'esloignent du cerueau, & c'est par ceste seule priuation de cauité que l'on les rend differents des veines & arteres. Ie m'estonne donc que l'on croye, que l'esprit animal qui est corps, passe par la substance du nerf comme par vn canal, s'il n'y a rien de vuide ou percé audit nerf, pour donner passage audit esprit animal. Et me semble plus vray-semblable que l'esprit animal soit tousiours dans les arteres, qui accompaignent le nerf sans iamais le laisser, & que ledict nerf serue comme de corde & soustien à l'artere. Ma raison est: L'Esprit animal se prepare au ret admirable de Galen, lequel a esté faict de la portion la plus tenuë de l'esprit vital porté par les arteres carotides audict ret admirable, de là par la continuité des mesmes arteres, monte aux superieurs ventricules du cerueau, où il prend vne autre elaboration au ret dit Choroide. Apres il va au troisiesme & quatriesme ventricule, par la mesme continuation, & ne trouuera on l'extremité des arteres qu'au cuir. Et ne semble raisonnable que l'esprit sorte de l'artere, pour entrer aux ventricules superieurs, & au tiers, qui sont tousiours remplis d'excremens: Car là il se r'afroidiroit impur & plus grossier, & par consequent inhabile au mouuement & sentiment. Et pour voir plus apertement que ledict esprit ne sort point de l'artere, voyez la dissection particuliere des nerfs, vous trouuerez tousiours vne petite artere qui accompagne iusqu'à son extremité le nerf, dans laquelle l'esprit logé dans le cerueau, & dehors, ne l'abandonnent iamais, & ne sçauroit-on prouuer qu'il en sorte, & qu'il quitte l'artere.

OBSERVATION III.

ESpluchant de pres les parties du corps humain aux dissectons ordinaires, i'ay trouué vne difficulté non petite sur les testicules contre le commun, d'autant que tous pensent, & croyent pour irrefragable que dans lesdicts testicules la semence est elaboree, & parfaicte, croyant de ma part tout le contraire, veu que les vaisseaux spermatiques, tant preparāts que defferants n'entrent aucunement dans lesdicts testicules, cela se voit clairement, & voudrois plustost tenir en partie l'opinion d'Aristote, qui veut, que les testicules ne peuuent seruir que de contrepoix, pour tenir les pampinations, ou epydimes, qui sont aux vaisseaux tendus,pour donner plus aisé passage à la semence, laquelle autrement par sa viscosité & crassitude ne pourroit aisement passer sans icelle tension,seruans à cela de contrepoids pour tenir les vaisseaux susdits tendus,tout ainsi qu'on tient vne pierre pour contrepoids sous la toile, à fin que les filets soient bien tendus pour donner passage à la nauette plus aisé. Mon opinion est conforme à ceste-cy, sauf que ie tiens, que les testicules seruent de succer la partie la plus sereuse de la semence, à fin de la rendre prolifique à la generation. Et ne nie point, que le commencement de l'elaboration de ladite semence se fasse aux prostates pampinations ou enfractuosités des vaisseaux, & s'acheue aux prostates : comme aussi ie recognois tres-bien, que ladite semence estant du tout elabouree, a tant d'vn costé que d'autre des gardouches, ou greniers, ausquels nous trouuons sept ou huict, voire neuf separations. Et qu'à vne chacune d'icelles y a pour tirer vn coup. C'est ceste partie mesme que i'ay soigneusement espluchee de pres, où en fin i'ay trouué vn autre vsage que celuy qu'on a creu dés long temps, c'est à dire, que la semence soit elaboree & parfaite dans la substance mesme desdits testicules. Car ie n'y ay iamais trouué, ny homme qui viue, aucune cauité insigne, ains vous les trouuerez tous remplis d'vne substance fibreuse, comme des poils, auec grande quantité de serosité. Et quant aux vaisseaux spermatiques, ils n'entrent aucunement dedans lesdits tesmoins, & si les peut-on de tout en tout separer sans rien rompre ny toucher à la substance dudit tesmoin. Ce qui m'a plus confirmé à ceste opinion : c'est que l'an soixante-quatre, se trouuant Monseigneur de Montmorency en ceste ville de Montpellier, vn soldat des siens fut trouué par ledit Seigneur, qui en passant ouyt les exclamations de la mere, en deuoir de forcer vne fille, lequel de chaud en chaud fut par son commandement pendu aux fenestres de la maison où le delict fut perpetré, le corps fut porté au theatre, & anathomisé par nous : y assistant Messieurs Saporta, Feynes, Iobert, y presidant le sieur d'Assas, tous gens des plus doctes de nostre siecle : entre-autres choses, le plus rare, c'est qu'il ne luy fut trouué aucun testicule, ny exterieurement, ny interieurement, bien luy trouuasmes-nous ses gardouches, ou greniers, autant remplis de semence, qu'à homme que i'aye anathomisé depuis. Cela estonna merueilleusement toute l'assistance, ce qui fut cause, qu'à la presence de mondit Seigneur, qui y estoit present, fut agitee vne question : à sçauoir si les testicules seruoient à la generation. Ie soustins qu'ils n'y seruoient aucunement. Alors le sieur Saporta se mit à la trauerse, disant : Monstrez-moy vn chastré qui engendre. Ie repliquе, que le chastré ne peut engẽdrer en façon que ce soit, pource qu'on luy a couppé tous les vaisseaux, tãt preparãts que deferents. Et par cõsequent quēt leur cōtinuité perdue auec le cours de la semēce. Pour plus ample tesmoignage de ce que dessus. Vous entendrez qu'estāt moy à Beaucaire, ie fus appellé pour auoir aduis de moy par les parens d'vn ieune hōme de ladicte ville, aagé de xxij. ans, ou enuirō, pour sçauoir si on le marieroit, ou si on le feroit d'Eglise, veu qu'il n'auoit point aucun testicule. Ie leur conseillay de le marier, le voyant gaillard, non effeminé: il est encor en vie, & a eu deux enfans de son mariage.

OBSERVATION IV.

PLusieurs se trompent grandement à faute de regarder de bien pres, croyans que les nerfs optiques prennent leur origine de la partie anterieure du cerueau, veu que nous voyōs qu'ils partēt de la posterieure, pres quasi du *cerebellum*, pour bien le cognoistre faut torner le cerueau du dessous en dessus, & trouuerez mon dire veritable. Cecy i'ay monstré euidemment à Pezenas, faisant l'anatomie d'vne ieune fille, aagee de xxij. ans és presences de monseigneur le Connestable, & du sieur Crassot son medecin ordinaire tres-docte personnage.

OBSERVATION V.

LE nerf de la cinquiesme cōiugaisō, ainsi qu'il est entré dās les infractuositez de l'os de l'oreille dict *litrides*, ou *petreus*, deuant que s'aprocher du lieu où le tympanum, se diuise en deux, l'vn des rameaux est assez grand, l'autre est petit: Le grand est celuy, qui en se dilatant faict ledict tympanum, l'autre s'en descent en bas, quasi comme s'il vouloit suyure celuy de la sixiesme coniugaison, & se va implāter aux muscles propres du larynx, l'origine desquels est à la partie superieure dudict larynx, & leur fin en bas, au contraire de ceux qui sortent de la partie inferieure, & s'inserent en haut, prenants leurs nerfs des recurrans. De là vous pouuez rendre raison pourquoy c'est que l'on tousse, lors que l'on vient à se nettoyer les oreilles.

OBSERVATION VI.

A L'ouuerture du corps de Monseigneur le Conte d'Aufumond nous remarquames deux choses rares, l'vne que le porus cholidoquos, ou cōduict par lequel s'expurge la bile, ou excrement cholerique, qui se doit implanter à la fin de l'intestin *ephysis*, ou *dodechadactilos*, s'inseroit tout ioignant le pilore. Voylà pourquoy se pouuoit autāt desgorger dans le vētricule, que dās l'intestin ce bilieux humeur porté par ledict pore cholidoque: Ce qui estoit la cause qu'il estoit subiect à plusieurs nosees, ou vomissemens, & par cōsequent tresdifficile à acceler: car nature estoit priuée de son clistere naturel, ou naturelle rubarbe pour irriter la faculté expultrice, laquelle estoit paresseuse, affoiblie, & debilitee en luy merueilleusemēt, aussi mourut-il subitemēt d'vne maladie nōmee *cholera morbus*. L'autre chose rare que no⁹ trouuasmes fut la ratte de grandeur incroyable, de poix estrange, car elle passa cinq liures de bon pois. Outre ce elle estoit separee entierement de tous ses ligaments qui l'attachent; parquoy elle nageoit par toute la capacité du ventre, tant à la partie anteriuure que laterale.

Observation VII.

EN l'annee 1553. ie fus appellé pour voir vne fort honnorable Damoiselle nommee Ysabeau de Masel, fille de Iean Masel, du lieu de Sauue, mariee en premieres nopces à feu Monsieur Sabourin Doct en Med de la ville de Narbonne: elle auoit quatre tetins, deux de chasque costé, nourrissant ses enfans aussi bien des vns que des autres. Et ce qui est considerable, lon recognoissoit fort clairement les rameaux des mammelles venir des axilaires, & non point comme quelques vns pensent de la soubsternique, n'estant suffisante de donner la trentiesme partie de la matiere de laquelle le laict doit estre faict. Il est bien vray, que ladicte soubsternique n'estãt fabriquee que pour la nourriture du sixiesme muscle de la respiration, & de la partie superieure des lõgitudinaux, en passant elle donne ausdictes mammelles vn rameau capillaire, mais non tel qu'il suffit à la generation du laict: lon tient aussi que ladicte soubsternique a communication auec la matrice par le moyen de l'hypogastrique, à laquelle me semble nature se seroit estrangement iouée d'en donner autant à l'homme qu'à la femme, qui n'a ny matrice ny mammelles portans laict.

Observation VIII.

1573. APpellé à la maison de feu Monsieur Gryphy Docteur en medecine en l'Vniuersité de Montpellier, pour ouurir vn sien seruiteur soupçoné estre mort de poison: entre autres choses, à la dissectiõ du thorax voulant descouurir les muscles tant du bras que l'omoplate & respiration externe, ie treuuay au dessoubs du cuir & graisse, vn fort & long muscle de chasque costé, lequel prenoit son origine de la partie superieure du sternum, & partie de la clauicule, au droit là ou elle se ioint auec ledit sternum, & s'alloit inserer obliquement à la derniere coste fausse en forme d'escharpe, de longeur de deux pans, ou plus: sa figure estoit quasi ronde & de largeur des deux poinctes de doigts auec forts & robustes tendons.

Observation IX.

1593. NOus fusmes assemblez pour consulter mõsieur Huscher, monsieur Varandal, maistre Gariel, & moy, pour vn ieune hõme nõmé Moyse de Marnas, Docteur en Loix, fils de M. Pierre de Marnas, Docteur & Aduocat au siege principal de Vielle-neufve de Berg, Diocese de Viuiers, attaint d'vne maladie nõmee melancholie hypochõdriaque, auec des

des plus grãdes &faulses imaginations du mõde:vne desquelles est,que pour aller à ses affaires,faut qu'il mette vn rasoir manche,& tout, dans son fondement,& apres il racle leans, le vire & tourne par plusieurs tours,iusqu'a ce que le sang sorte en grande abondance & du muscle *sphincter*,& de l'intestin nommé *rectum*,& ce qui est le pis, il faict ceste belle operation deux fois le iour, quelquefois trois, sans qu'il y aye moyen que tous ensemble ayons peu luy persuader le contraire, ayant luy faict ce que dict est à nostre presence, & au grand estonnement de tous:tout cela n'est rien au respect de ce pourquoy il nous assembla, car il demanda instamment de luy appliquer vn cautere actuel dans ledict fondement,afin dict-il,que la perdition de substance demeure, & pour ce faire nous monstre le lieu auec le *speculum matricis*, lequel il met si profond,& le dilate tant, que nous pouuions aysement voir le plus auant dans ledict intestin, le tout bien fracassé,escorché, & vlceré. Or pour luy oster ceste vilaine imagination corrompue, nous auons pris cest expedient:c'est que nous auons preparé des cauteres, l'vn tout rouge,l'autre vn petit plus que tiede,& auec grand'habilité faisant semblant d'appliquer & fourrer dedans *l'anus* le rouge, auons mis l'autre, luy croyant que ce fust le rouge, se met à hurler si estrangement que merueille,& par ce moyen change sa fausse imagination,demeura gueri l'espace de cinq ou six iours,auec remerciemens:mais vn ieune escolier luy reuela le tout,& que nous n'auions faict que semblant de mettre le cautere ardent,& que nous en auions mis vn froid qui fust cause que le mal luy reuint

OBSERVATION X.

MOnsieur Iobert,maistre Gillibert Casseneufue, & moy qui estois 1567. compagnon à sa boutique,feusmes appellez pour ouurir vn nommé Fermin Chaudon decedé d'vne maladie nommee *Istericia*, qu'il auoit portée vn grand & long espace de temps, & non sans cause : car nous luy trouuasmes deux choses monstrueuses,la premiere est que le *poros colidochos*,estoit d'vne estrange grandeur à la sortie du foye, mais à l'entrée de l'intestin estoit quasi capillaire, qui estoit cause que l'excrement bilieux ne trouuant issue competante regorgeoit dans le foye, & de là par la veine caue en toutes les parties de son corps qui luy causoit la iaunisse auec l'extenuation:combien qu'il fust aussi grand qu'homme qu'on sçeusse voir. La cause de son enorme voracité estoit inaudite, & presque miraculeuse & incroyable:car au lieu d'auoir vn estomach, & six intestins,il n'auoit forme ou figure de l'vn ou des autres, qui gardat proportion, horsmis l'œsophage,lequel se venoit aboutir en vne capacité ample,resemblant au fonds d'vne courle d'Esté tres-grosse, laquelle

quelle vers la partie droicte, au dessous de la grand' lobe du foye, pres du *chistifellis*, faisoit vn remply tirant en haut, afin que l'aliment demeura plus long temps dedans pour se digerer, à cause qu'il ny auoit aucun pilore pour l'empescher de sortir: s'ensuiuoit apres vn intestin depuis le lieu où deuoit estre ledict pilore, iusqu'au fondement, sans aucune reuolution, & au lieu d'auoir six ou sept canes de long, ne contenoit que quatre pans en figure quasi d'vne lettre S. mais de grosseur estrange: Le mesantere estoit de mesme grandeur, bien muny de veines mesaraiques, sa veine porte tres-belle, ses reins, sa ratte, son foye, vaisseaux spermatiques, & toutes les autres parties bien proportionnees, & si a vescu enuiron 40. ans.

OBSERVATION XI.

VN nommé Iean Guy cardeur de Montpelier, vint me treuuer vn iour pour voir si ie luy pourrois couper sans danger vne corne qui luy estoit née sur le front vn peu au dedans du poil au costé gauche, laquelle me donna bien à penser, d'autant qu'elle estoit à la base du tout en tout adherante à l'os, & si estoit de longueur, d'vn demy pied, & de grosseur d'vn bon poulce, sa figure estoit inesgale, grosse à sa base, se rendant en poincte à son extremité auec entortilleure comme celle d'vn ieune mouton de six mois: mais en fin ayant veu l'ennuy, & empeschement qu'elle luy portoit, vaincu de ses prieres, ie l'azardis, & la sciay le plus bas qu'il me fust possible, & en sortit grand quantité de sang, qui me contreignit de venir au cautere actuel. Apres auoir faichoir leschar re, mondifié l'vlcere, incarné & cicatrizé guerist. Monsieur Reynac me pria la luy donner pour l'enuoyer à la Cour à vn sien beau-frere pour rire, auec vne lettre, par laquelle il prioit sondict frere de luy escrire si les cocus de la Cour estoyent comme ceux de Montpellier.

OBSERVATION XII.

IL y eut à Montpellier vn ieune escholier atteint d'vne melancholie hypochondriaque, auec vne fausse opinion d'empoisonnement: il se retira à monsieur Rondelet, lequel il pressa si fort de le guerir, qu'il n'oublia aucun moyen pour luy oster ceste fausse imagination d'estre empoisonné: il luy representoit tousiours le morceau, disant le sentir à l'endroit du larynx pres l'annulaire, criant tousiours ordinairemẽt, ie le sens, il m'estrangle. Doncques ledit sieur Rondelet s'aduisa luy faire prendre vne pillule d'esponge bien preparée auec peu de cire attachée d'vne petite cordelette, laquelle il auala & demeura dãs son estomac peu de temps que les vomissemens estranges n'arriuassent auec grande quãtité de sang apres, la pillule qui s'estoit enflée & grossie comme vne bonne noix, fust comme par force arrachee, & le malade conceust opinion

nion que le morceau auoit esté arraché, d'où s'ensuiuit la guerison entiere, ayant despuis bien faict ses affaires sans aucun soupçon dudict mal ou recheute.

OBSERVATION XIII.

IE fus appellé auec grande priere & sollicitation de M. Philippi presidant à la Cour des aides, pour aller penser vn nommé M. Philippi de Montagnac, qui auoit esté blessé à la garrigue, pres de Castres de Montpellier, au grand chemin de Sommieres, lequel fust porté à la maison de Monsieur le Baron de Castres, où ie le pensay d'vne grande arquebuzade, qui luy prenoit au dessous de l'os Ilio, pres des costes fausses, costé senestre, sortant à l'os pubis, & r'entroit à la cuisse du costé droit: à l'entree de ladicte playe, ie trouuis le Colon coupé à trauers de tout en tout, i'y fis toutes les especes de coustures qu'on pourroit imaginer, sans que rien seruist à cause de la longue distance des labies, & fus cōtrainct de le laisser fistuler. D'où luy est demeuré vn trou comme vn cul de poule par là où il faict ses affaires ordinairemēt, les vents aussi sortent par là cōme du fondement & auec aussi grand bruit, & pource qu'il faut qu'il porte des drapeaux à force pour recueillir lesdits excremens qui sortent inuolontairement, comme font les vents, cela est cause qu'il ne s'ose trequer en compagnie, pour cela il ne garde d'estre en aussi bonne santé que iamais: la matiere fecale toutesfois ny mesmes les ventositez ne sortent par en bas aucunement, ains par ladicte playe.

OBSERVATION XIIII.

A L'ouuerture du corps de mōsieur Feynes, iadis professeur public en ceste vniuersité, ne se trouua qu'vn roignon bien formé auec ses veines & arteres emulgentes: Les vreteres furent trouuees vn peu plus amples en largeur que de l'accoustumee: la raison de cela est, qu'il falloit que ledict rein & vretere seruissent de deux: de l'autre costé ne fust trouué marque quelconque, ny trace de rein, moins d'vreteres. Vn sien seruiteur fust tué vn mois auparauant que luy deceda, nous l'ouurismes, & ne trouuasmes pareillement qu'vn rein, bien est vray qu'il estoit de grandeur incroyable, estant couché sur les vertebres des lombes, & à chasque costé, tant droit que senestre, estoyent implantees les veines & arteres emulgentes, ensemble les vreteres faisant ledict rein office de deux. 1575.

OBSERVATION XV.

EN l'anne 1560. me vint treuuer en la boutique de maistre Gilibert Casenueue, où ie demeurois pour compagnon, vn mauuais garniment nōmé Iean d'Aurias, fils de Pierre d'Aurias cardeur de leyne: Il faisoit vn des grāds froids que i'aye senty du despuis, lors il me demanda tout haut, si le temps estoit beau pour faire des anatomies, ie luy respondis qu'ouy, & que i'estois marry que la iustice ne faisoit pendre tant de larrons qu'il y auoit : il me repliqua alors, laissez moy faire ie vous respons que vous en aurez vn demain matin, & incontinent desgaina son espee, & à la porte, rencontra vn sien ennemy (notez que c'estoit de nuict) qui escoutoit son discours des vitres de ladicte boutique, lequel de guet à pan l'attendoit, & luy mist son espee à trauers du corps, dont ledict D'aurias tomba tout redde mort sur la place: il fut porté le lendemain matin à la maison de ville pour estre recogneu, & de là au theatre pour estre anatomisé, il auoit deux belles rattes, à toutes deux leurs veines & arteres, à l'vne desquelles la veine hemorrhoidale estoit fort ample & enfle, sortant du beau milieu du corps de ladicte ratte : ce qui estoit cause que son humeur melancholique estoit tresbien purgé, aussi en sa vie il ne fust par trop chargé de chagrin & pensement, estant iouial & non saturnien.

Observation XVI.

LOrs que Monseigneur de Montmorency faisoit le gast deuāt Narbonne, qui fut en l'annee 1589. vn gendarme Ipsien de la compagnie du Seignor Luquisse fut blessé d'vn coup de mousquet à la teste, sur l'os parietal, ou bregma, auec grād fracas, de telle faço que la balle se partit en deux, l'vne desquelles pieces demeura dedans, l'autre moytié dehors: Il perdit aussi tost la parolle, sentiment, mouuement, memoire: au bout de deux iours, que i'eus leué toutes les pieces des os, & esquilles petites, qui me donnoit de la peine beaucoup, sortit de la propre substance du cerueau la grosseur d'vne bonne amandre : ce qui causa que pour euiter ceste sortie me fallut mettre vne platine de plomb entre l'os & la dure mere, qu'il porta l'espace de trois iours : apres l'auoir ostee ie vis entre le crane, & la dure mere la piece de la bale qui estoit restee, que nature expulsoit au dehors, que i'arrachay bellement, & incontinent le patient recouura la parole, mais deux autres accidents mauuais luy suruindrent, la paralysie de la partie mesme, & la conuulsion de l'opposite, qui luy durarēt apres sa guerison entiere l'espace de six mois, & d'auantage. Quelque temps auparauant M. Lauthier Chirurgien en nostre ville de Montpellier tres-expert & exercé aux œuures de l'art, pensa vn soldat de la garde de monseigneur de Montmorancy de mesme blesseure, auec mesmes accidens, & guerison parfaicte.

OBSER

OBSERVATION XVII.

IE fus appellé en Auignon pour penser le fils de saincte Ialle blessé à la cuisse d'vne grande arquebusade, y assistant monsieur Iobert professeur du Roy, & chancelier en la ville de Montpellier, monsieur Phillip. Guilhen, tresdocte personnage, monsieur le Portugais, maistre Iean Cambaut, maistre Eustassi, maistre Nicolas, & tous presques les autres Messieurs dudit Auignon, au sortir de la consultation, tous ensemble fusmes visiter vn pauure homme d'Orgon en Prouence, attaint du plus horrible & espouuantable *Satyriasis*, qu'on sçauroit voir ou penser: Le faict est tel, il auoit les quartes pour en guerir, prend conseil d'vne vieille sorciere, laquelle luy fist vne potion d'vne once de semence d'orties, de deux drach. de catharides, d'vne drach. & demye de cyboules, & autres. Ce qui le rendit si furieux à l'acte Venerien, que sa femme nous iura son Dieu, qu'il auoit cheuauchee dans deux nuicts, quatre vingts & sept fois, sans y comprendre plus de dix, qu'il s'estoit corrompu, & mesmes dans le temps que nous consultasmes le pauure homme spermatiza trois frois à nostre presence, embrassant le pied du lict, agitant contre iceluy, comme si s'eust esté sa femme. Ce spectacle nous estonna, & nous hasta a luy faire tous les remedes pour abattre ceste furieuse chaleur: mais quel remede qu'on luy sçeust faire si passat-il le pas. Vn semblable fait m'a esté recité par monsieur Chauuel professeur ordinaire à l'vniuersité d'Auignon, homme de rare erudition, vieux, & consumé aux œuures de l'art. Il faisoit pour lors la medecine à Orége en l'annee 1570. au mois d'Aoust, & fust appellé à Caderousse, petite ville proche, pour visiter vn atteint de mesme *Satyriasis*, à l'entree de la maison trouue la femme dudict malade, laquelle se pleignit à luy de la furieuse lubricité de son mary, qui l'auoit cheuauchee quarante fois pour vne nuict, & auoit toutes ses parties gastees, estant contrainte les luy monstrer, afin qu'il luy ordonna des remedes pour abattre l'inflammation & extreme douleur qui la tourmentoit, le mal du mary estoit venu du breuuage semblable à l'autre, qui luy fut donné par vne femme qui gardoit l'ospital, pour guerir la fieure tierce, qui l'affligeoit, de laquelle il tomba en telle fieure, qu'il fallut l'attacher comme s'il fust esté possedé du diable: le Vicaire du lieu fut present à l'exhorter à la presẽce mesme dudit sieur Chauuel, lesquels il prioit le laisser mourir auec ce plaisir: les femmes le plierent dedans vn linseul mouillé en eau & vinaigre, où il fust laissé iusqu'au l'endemain qu'elles aloyent le visiter: mais sa furieuse chaleur fut bien abatue & esteinte, car elles le trouuerent rede mort, sa bouche riante, monstrant les dents, & son membre gangrené. 1572.

OBSERVATION XVIII.

1590. VN gendarme Italien à Beziers, de la compagnie Coronelle de Monseigneur de Montmorency, commandee par le Seignor Luquisse, fut blessé en combat d'vn coup d'espee fort aiguë aux hypochondres du costé droit, penetrant iusqu'au profond dans la substance du foye, auec grand hemorragie, laquelle ne trouuant l'issue libre pour sortir par la playe, se retenoit dans la capacité du ventre en quantité grande: là s'y fit vne putrefaction & corruption si grande, qu'il n'y auoit homme qui sçeust endurer vne telle puanteur, ny moins quasi s'approcher: cela fut cause que nous assemblasmes le Seignor Franchisque Docteur Medecin en l'Vniuersité de Padouë, & ordinaire à Monseigneur de Beziers, auec maistre Baptiste Chirurgien de ladite ville, & tous ensemble fusmes d'aduis de luy faire vne ouuerture assez grande pour donner issue à ceste grande quantité de sang estant contraint, pource que la plus-part estoit coagulé, le tirer auec vne cuilliere à longue-queuë à grands plats tous pleins, & ce deux fois le iour, quelques-fois trois, iusques à la parfaite guerison: le mesme m'on a raconté maistre Roch Chirurgien tres-expert, praticquant à Tharascon, qui a esté mon aprenty autres-fois: c'est qu'il pensa audit Tharascon, vn nommé Charles Pin d'vn coup d'espee, l'entree estoit aux muscles lomberes, & penetroit iusqu'au grand lobe du foye, entroit dans la substance dudit foye, deux ou trois grands trauers de doigts, ou dauantage, enuiron quatre mois apres il mourut, à l'occasion d'vne blessure au thorax penetrante dans la capacité, il fut ouuert casuellement par ledit maistre Roch, y assistant monsieur Regis Medecin stipendié audit Tharascon, & maistre Iean Bonnet vieux Chirurgien, fut trouuee vne cicatrice de la largeur que dessus est dit au lobe du foye le plus grand, qui monstroit le paranchime auoir esté bien cicatrisé, & le malade bien gueri de ladite blessure.

OBSERVATION XIX.

MOnsieur Alloys, vieux & consumé aux experiences de l'art, depuis xxiiij. ans en çà qu'il a fait la medecine en France, en Italie, à Malthe, & autres lieux de la Grece, m'a dit auoir visité vne fille à Tharascon autres-fois, laquelle aagee de douze ans, eut durant quatre annees vne fieure lente, auec vne tumeur au ventre, & extenuation des membres, de façon que chacun la iugeoit hydropique: au bout des quatre annees s'apparut vne tumeur à la region mesme de l'ombilic, que nature ouurit d'elle-mesme, cerchant se descharger de son contraire, de laquelle ouuerture sortit grand quantité de matiere purulente l'espace de dix mois entiers; à la parfin sortit trois grands vers de la longueur

longueur d'vn pan & dauantage, de la grosseur du petit doigt, & alors se trouua entierement deliuree, & se porte auiourd'huy merueilleusement bien, & y a sept ans qu'elle est guerie & mariee, ayant de beaux enfans. Vn garçon en mesme temps, & mesme lieu, aagé de huict ou neuf ans, de pauure maison, apres auoir enduré des grandes douleurs, coliques, se presente vn petit spiracle comme vn varon à trois doigts de l'ombilic au costé droit, auquel vne petite pointe noire se paroissant, fait que le Chirurgien doute que ce fust vn ver qu'il tira à l'aise auec ses pinsettes de la longueur d'vn pan : les douleurs reuenoient par interuale, & ne pouuoient estre appaisees que par ladite extraction, & en sortoyent deux, trois à la fois, & non plus (i'entends l'vn apres l'autre) & tirez comme dessus, apres le trou se consolidoit, & n'apparoissoit quelques-fois d'vn mois, ou six sepmaines, iusques à ce que les douleurs reuenoient, que l'on estoit en mesme peine que dessus : il a vescu plusieurs annees comme cela, ne sçachant s'il est encor en vie.

Observation XX.

EN l'annee 1550. estant à la suite de Monseigneur de Montmorency Pair & premier Mareschal de France, Gouuerneur & Lieutenant general pour le Roy au pays de Languedoc, dans la ville de Beaucaire, sur les quatre heures du soir, fut fait vn salué d'arquebuzades pour la garde de la ville, au deuant de la porte de Madamoiselle de Varie, où pour lors i'estoy assis auec plusieurs Damoiselles, ceste scoppeterie, outre l'effroy commun, apporta encor vn dommage particulier; car le papier de l'vne des harquebuzades donnant sur le sable, resaillit sur le visage & sur les mains de trois ou quatre, dont ie fus appellé pour penser la plus blessee, en la pensant ie senty vne puanteur d'vrine si forte, que ie fus presque contraint de la quitter sans acheuer de la penser, ne sçachant toutesfois bonnement iuger d'où procedoit ceste feteur, ou de la blessee, ou d'vne autre qui me tenoit la chandelle, mais bien tost apres ie fus esclaircy de ce doute par Madamoiselle de Varie, qui m'asseura que c'estoit celle qui m'esclairoit qui puoit ainsi, & que son pere donneroit volontiers la moitié de son bien, & qu'elle fust bien guerie, ie la priay de me la faire voir, & m'offris d'apporter tout le remede que ie pourrois à son mal : sur ceste asseurance elle me fut presentee le lendemain matin, & trouuay son ombilic allongé de quatre doigts, & semblable à la creste d'vn coq d'Inde, & qu'elle pissoit ordinairement par l'ouraque, tout ainsi qu'elle faisoit dans le ventre de sa mere. (Ceste experience confirmee par vne infinité d'autres semblables, condamne l'opinion de monsieur Paré tres-docte Chirurgien, & bien expert en l'anatomie, qui doute s'il y a d'ouraque ou non, outre que ceste partie est aisee à recognoistre, principalement és ieunes enfans.) En fin ayant recognu son mal, mon appareil estant prest sur le poinct que ie voulois commencer l'operation, ie me representay tout à coup le danger qui en pouuoit aduenir, & que la mort seroit ineuitable en fermant le trou d'en-haut, si on ne donnoit issue à l'vrine par le conduit d'en-bas : mais la pitié fut à l'exhibition des pieces, car la patiente, qui pouuoit estre aagée de dix-huict à vingt ans, n'y vouloit aucunement entendre : en fin vaincuë des prieres du pere & de la mere, consentit d'en faire la monstre: ie trouuay l'orifice de la vescie fermé d'vne membrane espesse d'vn teston ou plus, le reste bien formé, qui fut cause que ie m'attaquay premierement à ceste partie inferieure, & ayant fait l'ouuerture, luy mis vne cannule de plomb, iusques au dedans du corps de la vescie, pour tenir le conduit libre, & faire que l'vrine eust son naturel passage par là: le lendemain ie proceday à l'operation de l'ombilic, & y fis vne ligature pareille à celle des operateurs lors qu'ils coupent vne enterocele, car ie fis passer l'esguille trois fois par vn mesme trou, en embrassant la seconde fois vn des costez tant seulement, & la tierce l'autre, auec vn filet fort & bien ciré : cela fait ie couppay pres de la ligature, cauterisay le bout & l'escharre tombé, le traittay auec detersis & desicatifs comme és autres vlceres, & fut entierement guerie dans douze iours ; par ainsi ie m'acquitay fidellement de la promesse que i'auois fait de la guerir: mais ie me vis frustré de celle de Madamoiselle de Varie, la moitié du bien du pere estant conuertie en vn bon double ducat, qui me fut donné pour le salaire de ma peine.

OBSERVATION XXI.

EN l'annee 1558. ayant acheué mes estudes à Montpellier chez maistre Gilbert Cazenoue maistre iuré de la ville, & Chirurgien ordinaire du Roy de Nauarre, ie pris resolution de me retirer à Gaillac, lieu de ma naissance pres Albi, pour commencer de m'exercer en pratique : mon commencement Dieu mercy fut assez heureux, entre mes plus fascheuses pratiques ie rencontray vn nommé Antoine Verdezi dudit lieu Gaillac, maistre serrurier, ayant pere, mere, frere, sœur, femme & enfans, aagé de trente à trente-cinq ans : cestuy-cy s'en allant pourmener vn iour de Dimanche apres disner en vne sienne vigne, y trouua vn troupeau de moutons & brebis, & fasché du dommage qu'on luy faisoit, se voulut essayer de battre celuy qui les conduisoit : mais à bon chat bon rat, car le berger se reuenchant luy donna vn grand coup de bonde qu'il tenoit en la main au lieu de houlette, & de la violence & roideur du coup, sans faire solution de continuité externe, luy enfonça tout le bregma de la partie gauche, depuis la suture sagittale iusques à la

suture

suture lepidoide, ou squammeuse. Au commencement que ie i'y fus appellé, ne voyant rien paroistre exterieurement, ie presumois la blessure moindre qu'elle n'estoit, & me doutois de quelque meschanceté & feintise au blessé, pour auoir la vigne de celuy qui l'auoit outragé, qui estoit liee auec la sienne: mais les accidens qui augmenterent de iour en iour, & d'heure à autre, sçauoir est, grand' inquietude, phrenesie, perte de raison, iugement, cognoissance, memoire, & en fin de parole, m'asseurerent bien tost du contraire, & fus contraint luy faire vne grand' incision en croix au lieu de la blessure, l'incision faite, ie trouuay au dessous vn grand fracas és os susdits, & apres auoir leué toutes ces pieces, ie vis la dure mere bien descouuerte, fort rouge & enflammee, toutesfois sans aucune solution de continuité ie le pensay tout ainsi que l'art me commandoit: au bout de quelque temps les accidens cõmencerent à diminuer, mais peu à peu, & auec grand' distance & interuale l'vn de l'autre la phrenesie le quitta la premiere, sans toutesfois recouurer ny le iugement, ny cognoissance, ny parole, car il demeura dix-huict mois & plus idiot, sans parler aucunement: au bout de deux ans il cõmença à recognoistre son pere, le medecin & moy, & qui est chose bien estrange, il le fallut apprendre à parler comme on fait aux petits enfans, le remettre és lettres de l'Alphabet, & recõmencer de nouueau l'apprentissage de son mestier, tant la memoire des choses passees fut perdue, aneantise & estouffee en luy par l'accident de ceste blessure, bien est vray qu'il eut plustost appris que n'eust fait vn autre: sur la fin de la cure, sçachant que monsieur Rondelet estoit pres d'Albi à Ressac, pour penser le Seigneur du lieu, ie l'allay trouuer expressement pour le prier de venir voir l'estrangeté que ceste blessure auoit laissee à ce ieune homme, ce qu'il m'accorda tres-volontiers, & l'ayant veu, me raconta en auoir pensé vn semblable, qui estoit Pedagogue des enfans de monsieur d'Vsez, nommé pour lors monsieur de Cursol, lequel auoit esté blessé en tirant des armes d'vn coup d'espee rabattue dans l'orbite, penetrant dans la substance du cerueau ... fut contraint de le remettre aux premieres lettres, comme l'on fait aux petits enfans, & n'eut iamais du depuis ny l'esprit si bon, ny la mem[oi]re si felice qu'il auoit auparauant.

OBSERVATION XXII.

EN l'annee 1580. Monseigneur de Montmorency tenant assiegé Vilemagne (c'est vne petite ville distante quatre lieuës de Montpellier) ie vis presque chose miraculeuse en vn soldat nõmé Pierre Guy Auuergnac, de la cõpagnie de mõsieur de Rosines, blessé d'vne harquebuzade sur la leure superieure à l'endroit du *septum*, & venãt sortir directemẽt au vertex par le milieu de la suture sagittale, auec grãd fracas des deux

deux os du *bregma*, & grand perte de la substance du cerueau, tout blessé qu'il estoit il vint de Vilemague me trouuer à Mont-pellier sans aucune difficulté, son harquebuze sur le col, les fournimens à la ceinture, & l'espee au costé, au premier appareil ie luy ostay trois ou quatre grands pieces des os du *bregma*, & dés lors ie deliberay, voyant vn faict si estrange, l'homme si gaillard, marchant tousiours, & allant à la guerre auec tout son mal, de ne le penser qu'en presence de quelques gens d'honneur pour voir chose si monstreuse, i'appellay les Capitaines Carlinquas, & Flory, fort estimez au faict de la guerre, lesquels me le virent penser par plusieurs fois au descouuert, & en la basse court de mon logis, & apres estre pensé, reprendre son espee, fournimens, & harquebuze, & s'en retourner à pied à sainct Iean de Vedas que l'on battoit alors, ie continuay de le penser l'espace de quinze iours & plus, se portant de mieux en mieux, non que ie sois asseuré de la fin: car au delogement du camp il suiuit sa compagnie.

OBSERVATION XXII.

L'Annee 1591. ie fus appellé à Montpellier pour visiter vne ieune fille aagee de 17. ans, tormentee des mesmes accidens & disposition qui aduiennent à vne femme enceinte, qui veut faire l'enfant, la mere la voyant en cest estat demeura merueilleusement troublee, pensant que sa fille se fut oubliee en son honneur, & de faict pour la recognoistre & secourir si besoin estoit, appella dame Geruaise sage féme de la ville, tres renommee pour l'experiéce qu'elle a acquise en son art, laquelle ayant recognu le faict, dit à la mere que ce n'estoit pas matiere de sa cognoissance: mais qu'il falloit appeller maistre Noel Tourtel, & moy: estans arriuez nous visitasmes la pauure fille, trouuasmes l'orifice de la vulue fermé, auec amas de sang menstrual sorti hors des vaisseaux, & retenu dans la capacité de la matrice durant les neuf mois, tout ainsi que si elle eust esté grosse: auant que d'y rien faire, nous auisasmes de faire appeller Mõsieur Saporte, Docteur regent en l'vniuersité, homme tres-docte, & tres-expert, tant en Theorique que pratique, luy venu, le faict debatu entre nous, la resolution fut qu'on luy feroit vne incision selon le long, de la grandeur de quatre doigts, ou plus, comme sa nature nous representoit, & aussi tost l'operation fut faicte par maistre Noel Chirurgien bien docte, & tres-expert, & en la faisant en sortit enuiron dix ou douze liure de sang grossier & bouëux, ressemblant plustost à lie de vin, qu'à du sang: la pauure fille pensa perdre la vie d'vne euacuation si grande & soudaine: mais Dieu mercy & le bon secours, tant dudict sieur Saporta que de nous, & notamment de la mere, qui n'y espargna rien, elle fut restauree peu à peu, & apres auoir languy vn fort long temps,

temps, remise à son premier embon point, elle vit encor, & se porte fort bien.

OBSERVATION XXIIII.

ON tient l'hydropisie pour mortelle, & irremediable, quand apres auoir cedé aux remedes elle retourne : cela est bien vray pour la plus part, mais non pas necessairement & tousiours, l'experience en ayant fait voir plusieurs y retomber qui en sont neantmoins gueris : ie reciteray quelques histoires remarquables, tant pour l'issue du retour de ce mal, que pour le lieu & conduit par où les eaux se sont escoulees.

OBSERVATION XXV.

EN l'annee 1582 ie fus appellé dans Montpellier pour visiter Iane Ianine, fille de feu Iean Ianin, pelissier de la ville, sa maladie fut aisee à cognoistre, c'estoit indubitablement vn ascites, mais il y eust aucunement à douter de la partie en laquelle l'eau qui causoit ceste hydropisie croupissoit, si c'estoit la capacité du ventre, ou bien le corps de l'vterus, en fin ayant sçeu par le recit de la patiente ce que ie vis du depuis moy-mesme, qu'elle auoit ordinairement ses fleurs bien reglees, & colorees, ie fus induit à penser qu'elle estoit arrestee dans la capacité du ventre, ie luy eusse volontiers conseillé la paracenteze : mais ie m'en abstins, craignant le hazard de ceste operation, au lieu de laquelle ie luy conseillay de faire tremper grand quantité de racines de Ruscus dans de l'eau, & boire soir & matin de ceste eau, en tremper son vin, en faire ces bouillons, & mesme en paistrir le pain qu'elle mangeroit, ce qu'elle fit l'espace d'vn mois ou cinq sepmaines, au bout duquel temps elle se vint à ouurir & descharger rendant par les parties honteuses tout à coup impetueusement enuiron quatre vingts liures d'eau sans iamais s'arrester, ceste quantité d'eau si excessiue, d'vn costé me fit douter de l'issue de son mal, & de l'autre, resuer sur les conduits par où elle estoit passee, si c'estoit par la vessie, ou par l'vterus: deux choses me firent croire qu'elle estoit venue de l'vterus: l'vne, parce que cõme i'ay dit, elle estoit sortie impetueusemẽt, tout d'vn fil sans interruption quelconque, & qu'il eust esté impossible de l'arrester: l'autre, que durant sa maladie ie luy auois appliqué par trois ou quatre fois le *Catheter*, & neantmoins n'auoit iamais rendu d'eau plus que ce qu'elle auoit accoustumé : d'où qu'elle vint, la pauure femme languit vn fort long temps apres vne si grande soudaine vuidange, conualut toutesfois en fin, & demeura bien seine enuiron trois ans : au bout de ce temps, son ventre se remplit comme deuant, & demeura ainsi hydropique vn an antier, ie fus encor appellé pour voir si

P ie trouueie trouueroy bon qu'elle vsast des remedes que ie luy auois ordonné la premiere fois, ayant manié & remarqué son ventre au descouuert, ie vis l'ombilic fort tumefié, & vn peu d'excoriation au milieu, qui sembloit me conuier par maniere de dire, à seconder nature opressee en l'effort qu'elle faisoit, aussi fi-ie entendre aux parens qu'il estoit besoin de l'ouurir par là, ce qu'ayans trouué bon, & mesmes persuadé à la patiente, qui d'elle mesme y estoit assez disposee, ie mis la main à l'œuure, & fis ouuerture par l'õbilic, ie diray en passant que la paracentese en ce lieu est plus aisee à faire, & moins dangereuse que celle qu'on fait ordinairement quatre doigts au dessous de l'ombilic & à costé, & auec ce qu'elle a esté vsitee & familiere aux anciens, elle est plus aisee à faire, parce qu'ayant percé le cuir, on rencontre soudain les vaiseaux de l'ombilic entr'ouuers & pleins de serosité, elle est moins dangereuse, tant pour la mesme raison, que pource qu'elle n'empesche le malade de se coucher comme il voudra: qu'elle soit fort ancienne, il appert par *Cornelius Celsus*, au liure septiesme chapitre quinsiesme. L'operation faicte, elle rendit vne quantité d'eau presque incroyable, qui fut receuë dans plusieurs plats & bassins, & gardee pour estre monstree à monsieur Hucher Docteur en medecine, professeur du Roy, Chancelier & Iuge de l'vniuersité, & M. André Laurens, aussi Docteur & professeur du Roy, personnages tresdoctes, & experts en toutes les parties de la medecine, qui s'estonnerent de voir vn si grãd rauage d'eau sorti tout à coup d'vn corps sans auoir causé vne mort soudaine, porueurent au reste ceste pauure femme des remedes conuenables & necessaires, tant pour se garantir du mal present, que pour se preseruer à l'aduenir: apres en auoir vsé elle guerit Dieu mercy, & s'est tousiours bien portee du depuis.

Semblable maladie, & mesmes accidens sont aduenus à vne nommee Gillette Maurine, ceste-cy du temps qu'elle estoit garce à Madame de Castelnau de Montpellier, deuint hydropique, faschee de la longueur de son mal, & des remedes qu'elle auoit pris inutilement, delibera de se retirer à Gignac, qui estoit le lieu de sa naissance, comme elle s'y acheminoit, la mule sur laquelle elle estoit montee fortuitement s'effraya, si bien qu'elle la ietta rudement par terre, mais ceste cheute luy fut heureuse, car soudainement elle se deschargea d'vn grand rauage d'eau qu'elle rẽdit par les parties honteuses, ie ne sçay si ce fut par la vescie, ou par la matrice, mais il est bien certain qu'elle en guerit, & du depuis est retombee en la mesme maladie par deux & trois fois, & tousiours s'est euacuee par le mesme endroit.

L'an 1565. ie fus appellé à Gaillac pres Tholouze pour vne mienne pa ne parente, nommee Catherine Turle, qui estoit semblablement hydropique, elle vsa par mon conseil des mesmes remedes que Ieane Ianine, & apres en auoir vsé quelque temps, se vuida pareillement par les parties d'embas, elle en guerit si parfaictement, qu'elle a vescu enuiron vingt ans depuis en bonne santé sans recheoir en hydropisie, comme les deux autres dont i'ay parlé cy dessus.

OBSERVATION XXVI.

LE cœur pour estre le principe de vie, & la source de chaleur, a esté aduantagé de ce priuilege, qu'il ne peut souffrir notable maladie, que la mort bien tost ne s'en ensuiue, si bien que selon Pline, il est le seul viscere qui ne flerrit iamais par vices & corruptions de maladie, n'alonge les tormens fascheux de la vie, ains estant offensé, apporte soudainement la mort. Tous les anciens l'ont ainsi tenus & a esté ceste opinion receuë de main en main depuis Hippoc. qui l'a premierement mise en auant, iusques à nostre temps, que l'euidence des choses qui ont esté remarquees es dissections, a faict voir le contraire: cela a esté cause qu'on a bien fort douté de ce beau priuilege, qui sans mentir n'estoit ny profitable à l'homme, ny fondé sur assez preignante raison: car de mettre si peu de resistance au cœur, qu'il succombe presques à toutes maladies, c'est abreger d'autant la course de nos iours, de fonder ceste exemption de gros maux, ou sur la dignité, ou sur la dureté de sa substance, tel fondement se trouuera foible & ruineux, puis que le cerueau, qui est sans comparaison plus noble, n'est pas exempt de phlegmõs, absces, ny pourriture, & les os, qui sont infinimẽt plus durs, sont suiects à vermolure & carie: mais sans nous ietter si auant en dispute, venons aux obseruatiõs & experiences que les modernes en ont fait. Hollier tesmoigne auoir trouué deux pierres és vẽtricules du cœur d'vne fẽme, auec plusieurs absces. Fernel en sa pathologie, liure cinquiesme, chap. 12. dit que le cœur peut souffrir intemperature, chaude, froide, humide & seiche, erysipele, phlegmon, playe, & vlcere: de ma part, i'ay autresfois remarqué en plein theatre de nos escholes, presens messieurs Rondele, d'Assas, & Feyne, deux choses assez notables en deux corps qui me furent presentez pour faire la dissection, le premier auoit à la base du cœur pres la coronaire, vne cicatrice de la grãdeur de deux trauers de doigts, & de l'espesseur d'vn teston: vn an apres, ie trouuay en l'autre quasi en mesme endroit, vn vlcere de la grandeur & largeur d'vne fueille de myrthe, & qui penetroit assez auant, & à fin qu'on ne pense point que ces vlceres là leur eussent causé la mort: tous deux auoyent esté pendus: l'vn pour estre vouleur, & l'autre faux monoyeur. Il n'y a point donc d'inconuenient de soustenir auec Fernel, que le cœur peut souffrir solution de continuité, voire vn fort long temps, & mesmes sans danger de mort: pourquoy est-ce donc qu'Hippoc. en l'aphor. 12. du 6. liure, faict les playes au cœur mortelles, & Galen au comment. ineuitablement mortelles? Ils entendent de la playe qui aduient de dehors, & par violence externe, & qui penetre bien auant dans la substance du cœur: telle playe est necessairement mortelle pour plusieurs raisons: la premiere, parce qu'en tel cas le pericarde est tousiours entamé & offensé, lequel estant partie spermatique & mẽbraneuse ne se peut reunir, ioint que l'eau qui y est cõtenue se venant à verser, le cœur demeure à sec, & priué de son refraichissement & humectation accoustumee, & partant ne pouuant subsister parmy telle secheresse languit bien tost, & succombe à la mort: l'autre raison est, par ce que l'hemorragie y est grande, tant à cause des parties offensees, que pour le secours & renfort que nature soigneuse de se conseruer y enuoye, & le pis est, que le sang se jette, & dehors, & dedans le thorax: retenu au dedans il suffoque dedans & dehors, il affoiblit les forces, & appauurit la chaleur naturelle, si bien qu'en fin elle est bien tost du tout esteinte. Voila pourquoy les playes du cœur sont tousiours mortelles: Les absces & vlceres qui y suruiennent de cause interne, ne le sont pas ineuitablement & tousiours, parce que les causes de mourir que nous auons cy dessus proposees, ne se rencontrent pas en eux, & par ainsi les obseruations modernes demeureront veritables & l'aphoris. d'Hippoc. aussi.

Mais à propos de ceste aphoris. Hippoc. faict pareillement les playes de la vescie mortelles, & ce ineuitablement, ou bien pour la plus part? Galen au comm. vse de ceste distinction: les legeres & superficielles ne le sont que pour la pluspart, les grandes & insignes, comme celles qui penetrent au dedans de la capacité, le sont necessairement. & se fonde sur ceste raison qu'estant la vescie membraneuse & exangue, elle ne peut nullement se resoudre, ou bien ce sera en sa partie charnue, si peut-on dire, sans deroger à l'authorité d'vn si grãd personnage, que ceste raison apporte plustost difficulté qu'impossibilité, & qu'on a veu assez de playes se reioindre és parties membraneuses, & notamment en ceste-cy dequoy nous parlons. I'ay traitté autresfois vne playe en la vescie auec bon & heureux succes, ce fut vn soldat aagé d'enuiron 30. ans, qui auoit esté blessé pres de Pezenas d'vn coup de fourchine estroite au dessus de l'os pubis, il rendoit ordinairement l'vrine par les deux trous de la playe, & riẽ par le cõduit de la verge, du commencement ie le faisois seoir sur vne chaire pour

le pen

le penser, mais depuis ie le pensay tout couché au lict par l'aduis de feu M. Rondelet, qui me conseilla pareillement de luy mettre vne algalie dans la vescie, & l'y tenir attachee pour donner issue à l'vrine, & l'engarder par ce moyen de s'arrester: ce que ie fis si heureusement, qu'auec les autres remedes il en guerit. Le ieune Chirurgien fera son profit de cest aduertissemẽt, & s'asseurera en pareilles blessures quand elles luy viendront en main, sans en desespeier du tout, pensant que les playes qui penetrent dans la vescie causent ineuitablemẽt la mort, elles sont bien mortelles pour la plus part, si est-ce que quelques vnes en eschappent.

OBSERVATION XXVII.

EN l'annee 1583. & le 27. d'Auril, ie fus appellé auec monsieur Dortement Docteur Regent en l'vniuersité de Montpellier, & premier medecin du Roy, & medecin ordinaire de monseigneur de Chastillon, & monsieur Laurens aussi Docteur regent en ladite vniuersité, & estipendier & medecin ordinaire du Roy, ensemble maistre Nicolas Piuet Chirurgien du Roy, & maistre Noel Tourtet maistre Chirurgien iuré de ladite ville, tous ensemblement fusmes appellez pour consulter d'vne grande maladie qu'auoit monsieur de la Tour, laquelle maladie estoit vn abses: & apres auoir consulté, tous fusmes d'aduis qu'il fust ouuert auec le cautere potentiel, & estant ouuert trouuasmes dedans des choses les plus estrãges que l'on sçauroit voir, comme poil, roigneure d'ongles, cloux, chastaignes, resins, figues, fromage, bouillie, miel, & des aulx ou choses ressemblantes à cela, & encores d'auantage, plains d'autres choses encores plus estranges, lesquelles choses ressembloyent à petits animaux, & demeura fort long temps ouuert auecques grande cauité & de perdition de la substance des trois gros muscles qui constituent la fesse, & seruent tous à l'extention de la cuisse: mais Dieu graces, auec les remedes necessaires, ceste grande cauité & deperdition de substance fut remplie de chair & le tout bien consolidé, & demeura gueri l'espace de trois ou de quatre ans. Et apres luy reuint en l'annee 1586. mais tout autrement: car ledit abses fust plus grand au double & rempli de matiere plus estrange: là où nous fusmes rapellez pour consulter vne autre fois, à sçauoir s'il estoit besoin de le reouurir, & fust arresté comme dessus, sauf que l'ouuerture seroit faite auec le cautere actuel, lequel cautere estoit en forme de curtellere, & faite ladite ouuerture en croix, de la grandeur d'vn bon demi pied, & beaucoup de cauteres mis dedans, à fin de bien consumer la racine du guist, & la matiere qui en decouloit n'estoit point de diuerse nature comme la premiere fois : mais en sortoit à pleins plats deux fois le iour & quelques fois trois, laquelle matiere ressembloit à grosses perles, chacune auoit son guist, & dans ce guist y en auoit quatre ou cinq d'autres, chacune desquelles auoit aussi guist, & encores dans icelles en y auoit d'autres auec guist, iusques que la plus petitte d'icelle reuenoit comme à grains de millet, & dura l'euacuation de la matiere fort long temps, & ne fussions iamais venus à bout (pour aduertissement au ieune Chirurgien) sans l'huyle de souffre, vitriol & mercure, & par ce moyen il fut fort bien gueri Dieu mercy, & se porte encores bien.

Observation XXVIII.

EN l'annee 1678. maistre Noel & moy fusmes appellez pour ouurir vn honorable homme nommé Anthoine Riquomme, marchand de la ville de Montpellier, aagé de soixante ans ou enuiron, lequel auoit dans la capacité du ventre inferieur vn grand absces au roignon gauche, rempli de matiere purulente, lequel absces fut apporté dans la maison de monsieur Hussier docteur regent, Chancelier & iuge de l'vniuersité de Montpellier pour chose monstrueuse, & deuant que l'ouurir fusmes tous d'aduis de le peser, lequel trouuasmes qu'il estoit du poix de quatorze liures & demie auec son guist & roignon qui estoit à costé, lequel guist estoit d'espesseur quasi d'vne bonne peau de mouton ou marroquin, lequel apres auoir osté ceste matiere purulente qui estoit contenue dedans labous, embeaumé & gardé fort soigneusement, lequel maistre Tourtet l'a encores. Depuis en ça m'est aduenu vn ieune homme nommé Gouron, marchãd de Pezenas, lequel auoit en mesme endroit vne douleur fort grande, & m'appella pour en auoir aduis, & m'ayant parlé & fait discours de sa maladie, ie fus d'aduis qu'il appellat conseil, ce qui fut fait du sieur Hussier, Chancelier & iuge de ladite vniuersité, ensemble monsieur Richer docteur regent en l'vniuersité de Montpellier, & monsieur Crassot medecin ordinaire de monseigneur le Connestable, & maistre Iaques Laurier maistre iuré en Chirurgie, & maistre Philippe Chirurgien de Pezenas, & aussi maistre du Bois, & moy Berthelemy Cabrol maistre Chirurgiẽ iuré, & maistre Majeur de laditte ville, Chirurgien du Roy & Anatomiste Royal en ladite vniuersité : à laquelle consultation fusmes quasi de contraire opinion, les vns & la plus part tenoyent que c'estoit vne pierre au reins, d'autant qu'il faisoit par fois quelque peu de peux par les vrines : & moy au contraire tenois que c'estoit vn absces, estant rememoratif de l'absces dudit Riquomme, dont estant du tout separee, le malade me renuoye querir, me priant instamment de l'ouurir : car il aimoit mieux mourir, que de si miserablement, auec la grande douleur qu'il sentoit ordinaire, moy estant conuaincu de prieres, tât de luy que de tous ses parens & amis, me mis en deuoir de faire faire vn ponctuel, de longueur d'vn demy pied ou enuiron, non que ie fusse si temeraire de l'ouurir seul : mais y appellay tous ceux qui s'estoyent trouuez à la consultation, & ayant appliqué mon cautere dedans, il y en eust de bien ioyeux en la compagnie, & trouuay la cauité & le lieu de la matiere, mais il n'en sortit rien : deux heures apres i'y fus pour changer le premier appareil, & la tente estant sortie, fus contraint prendre vn bassin de barbier, lequel fut rempli de peux plus que de la moitié, & continuay deux fois le iour, vn plat le matin, & vn autre le soir : cela dura l'espace d'vn mois ou cinq sepmaines, mais auec les remedes, tant d'onguens, qu'emplastres, cerats, iniections, l'vlcere fut detergee, incarnee & bien cicatrizee, & en est bien gueri, dont depuis s'est changé à Marseille pour poursuyure sa traffique.

OBSERVATION XXIX.

EN l'annee 1588. monseigneur de Montmorency, Pair & premier Mareschal de France, Lieutenant & gouuerneur general pour le Roy en Languedoc, s'en allant en son gouuernement du haut pays de Languedoc pres de Tholouse, il m'enuoya querir à Montpellier pour faire le voyage auec luy, là où ie fus par tout, suyuant ordinairement son armee qui estoit vers Castres, Puech, Laurens, & Reuel, & autres lieux circonuoisins pres Tholouse, ie fus appellé d'vn treshonnorable & docte personnage en l'estat de la Chirurgie, & Chirurgien de la compagnie de mondit seigneur, lequel se nomme le Grand, qui se tient ordinairement audit Reuel, me mena voir vn Capitaine nommé le Capitaine Boti, qui allant vn iour à la piquoree, rencontra vn paysant qui tenoit fort dans sa maison, & le Capitaine vaillant & courageux voulut entrer auec vne eschelle par la fenestre, mais à bon chat bon rat : car ledit paysant qui estoit derriere ladite fenestre, luy tira vn coup d'arbaleste dans l'œil, lequel coup penetra si auant qu'il falut tirer la vire à grande force, & ne la pouuoit-on auoir, sans qu'vn de ses soldats luy mist le pied sur le front pour la tirer, & au bout de laquelle vire se tenoit de la propre substance du cerueau, & en rendit l'espace de cinq ou six iours tousiours par l'orbite : mais auec l'aide de Dieu & les bons remedes, comme onguens, emplastres, cataplasmes anodins que luy furent appliquez par monsieur le Grand & moy, fust tresbien gueri, & a tousiours depuis fait la guerre pour le seruice du Roy, & est encores

de pre

de present tousiours se portant bien: & pour aduertissement au ieune Chirurgien, qu'il ne luy aduienne ce qui m'est aduenu à moy mesmes estant de retour de Montpellier, au commencement de mes estudes, me voulant retirer à la ville de Gaillac, lieu de mon habitation pres d'Alby, ie fus appellé pour aller penser vn fort riche paysant de l'isle d'Albigeois, lequel auoit esté blessé d'vn grand reuers d'espee, qui luy en auoit emporté vne grande partie de l'os parietau, autrement nommé bregma, auquel os se tenoit vne portion de la dure & pie mere, auec la substance propre du cerueau, mais incontinent que ie vis ladite substance, ie fus estonné, & taschay par tous les moyens du monde, de le remettre entre les mains d'vn autre Chirurgien, qui estoit dudit lieu de l'isle: mais craignant le mesme danger, & la peur que i'auois, qu'il mourut entre ses mains, le quitta & demeura le pauure patient sans secours: mais vn bon homme de village, pour luy faire des remedes pour le penser, fit chauffer vne broche de fer, & toute ardente la mit dans vn lar, le faisant distiler dans vn vaisseau plein d'eau, & le laua fort souuent, iusques à ce qu'il vint si blanc que la neige, & de ce medicamẽt luy en chargeoit ses plumaceaux & emplastres, iusques à ce qu'il en fut entierement gueri, & a vescu fort long temps apres, & emporta le bon homme l'honneur, & moy le deshonneur, dont fus aussi marri que ie fus iamais de chose qui me fust aduenue, & en demande à Dieu pardon, & luy proteste de iamais y retourner, ni laisser iamais aucun malade sans secours iusques à la fin.

Observation XXX.

En l'annee 1556. vint vne ieune femme en ceste ville, nommee Catherine Lam de Lodeue femme d'vn marchand Drappier, pour faire vne consultation pour sçauoir si elle pourroit guerir d'vne loupie derriere la teste, entre l'occiput & la premiere vertebre du col, pres la fontanelle, & estoit ladite loupie d'estrange grandeur, & de poids de six liures trois onces, en laquelle consultation fut appellé monsieur Rondelet, Docteur regẽt, Chancelier & iuge de l'vniuersité dudit Montpellier, & monsieur Saporta aussi docteur regent en ladite vniuersité, & Medecin ordinaire du Roy de Nauarre, ensemble maistre Iean du Mas, maistre Chirurgien iuré, & Estienne petit compagnon Chirurgien & moy, & fut resolu par l'aduis de tous, que l'operation par Chirurgie seroit faite, & pour la crainte de l'emoragie, comme nous eusmes, à raison des rameaux des veines iugulaires, artes carotides qu'il faloit couper. Les cauteres n'y furent point espargnez, ny mesmes le vitriol, lequel y fut appliqué, & mesmes falut lier

trois.

trois ou quatre rameaux des plus grands : le tout fait & ordonné, le regime de viure & remedes,tant internes qu'externes,le succes en fut tresbon : car ayant traitté soigneusement,auec l'aide de Dieu & desdits remedes, la bonne femme fut guerie dans cinq sepmaines, & s'est tousiours bie͂ portee du depuis,pour le moins vingt ans apres,& pource prieray le ieune Chirurgien de ne craindre point tant telles operations,& seruir soigneusement leur malade.

OBSERVATION XXXI.

EN l'annee 1555.ayant paracheué mes estudes en Chirurgie en la ville de Montpellier,& m'estant retiré à Gaillac pres d'Albi, lieu de ma naissance,auquel lieu y auoit vn fort beau & bon Hospital,qui despendoit de la commanderie de sainct Pierre, & André de Gaillac, là où pour lors deceda le Commandeur, & en vint vn autre de la maison de la Guiche en Bourbonnois,vn des plus hommes de bien, & des plus zelez à l'endroit des pauures qu'on sçauroit trouuer au monde,pour la nourriture & entretenement desdits pauures, lequel de sa grace,incontinent qu'il fut arriué à ladite commanderie, y mit vn tel ordre, tant aux freres qu'à l'hospital mesme. Il y institua vne fort belle police : sçauoir, que l'vn desdits freres auroit le soing des pauures toute la sepmaine ; ainsi par ordre l'vn apres l'autre, lesquels non seulement auoyent la charge de les faire nourrir, mais aussi d'en cercher par la ville,à fin de les secourir de ce qu'ils auroyent besoin, & pour ce faire institua vn fort honnorable Medecin, nommé monsieur Barbaste, & pour Apothicaire monsieur Barutel, & moy pour Chirurgien,lequel Commandeur pour nous faire faire nostre deuoir chacun selon sa vacation, nous faisoit tous les matins fort bien payer, & qui manquoit en sa charge estoit ponctué:& pour le commencement de mon exercice,moy estant indigne d'vne telle charge,pour le peu de sçauoir & experience que i'auoye pour lors,me fut presenté vne belle,mais fort facheuse practique : à sçauoir, vn cancer vlceré, qui estoit à la mammelle droite d'vne femme, nommee Ieanne Guitarde,aagee de trentecinq ans ou enuiron,lequel cancer de prime face m'estonna:mais ayant visité par plusieurs fois le chap. de Guidon, traittant de cancer,& aussi Galen au 2. Aglaucon,traittant de cancer aussi,m'ont esmeu & donné telle hardiesse,que ie mis la main à l'œuure auec le conseil dudit Barbaste, lequel Medecin, auant que i'y misse la main, la fit purger & repurger, pour euacuer c'est humeur melancholic bruslé:& apres la purgation, ie vins à l'amputation, laquelle fut si grande qu'il falut emporter toute la mammelle, mesmes vne assez grande piece du muscle du bras, qui prend son origine d'vne grande partie de l'externe & de la clauicule, que nous nommons pentagone ou pectoral, & apres l'amputation, le cautere actuel ne fut point oublié, premierement ayant laissé d'esgorger toutes les veines des enuirons, à fin qu'aucune portion de c'est humeur melancolic qu'auoit esté causé dudit cancer n'y demeurast, encores y mis ie pour me mieux asseurer, du vitriol subtilement puluerisé, & apres taschay à la cheute de l'escarre, à mondifier, & incarner, cicatriser auec les remedes que l'on a accoustumé vser aux vlceres, & Dieu graces, dans mois & demy elle fut entierement guerie, & vesquit par l'espacé de dix ou douze ans auec bonne santé: mais lors que les fins luy furent supprimez & arrestez, il luy en reuindrent deux, l'vn en la leure inferieure, & l'autre à l'endroit de la ceinture: & d'autant qu'elle auoit beaucoup enduré à l'extirpation du premier, ne voulut permettre l'extirpation des deux autres, & en mourut, les ayant porté l'espace de deux ans ou d'auantage.

OBSER

OBSERVATION XXXII D'VN

homme Jean Vile laboureur, pres lisle d'Albigeois, blessé d'vn coup de coustelas sur la teste.

EN l'annee 1558. estant allé à Gaillac lieu de ma naissance, pour exercer la practique, apres auoir paracheué mes estudes en l'vniuersité de Montpellier, ie fus appellé audit lieu pres de l'isle d'Albigeois, pour voir, visiter & penser le susdit Iean Vile, lequel ie trouuay blessé d'vne grande playe à la teste, de laquelle ie n'estois pas encores bien versé, ayant tousiours entendu par la plus part des autheurs, tant d'Hypocras que Galien & autres, tenãs tous que les playes de la teste penetrantes iusques à la substance du cerueau, & emportans vne portion de la mesme substance, qui se tenoit encores auec la pie & dure mere, & icelles ci deuant encores auec le crane & toutes les parties contenantes, comme l'epiderme, le derme, le panicule charneux, & la membrane commune, qui fust cause que quand ie vis toutes ces parties separees, il m'estonna, la femme du malade le tenant dans vn armoire, il me raconta comme cela fut fait, & me dit, que c'estoit vn sien ennemi de long temps, lequel n'auoit pas moyen de se venger de son inimitié, sans vne grande dissimulation, qui fut telle, qu'il s'accoutra en forme de ladre, portant les cliquettes, auec vn beau coustelas dessous son manteau: cependant le pauure blessé descendit de sa maison auec du pain pour luy porter: cependant qu'il le luy vouloit bailler entre ses mains, ledit ladre ou contrefaisant icelluy, tira son coustelas de dessous sondit manteau, luy pensant couper la teste, le pauure blessé fit le canart, & ne peut prendre sinon le sommet de la teste à l'endroit du vertex, & emporta toute la piece susdite auec toutes ses appartenances, le l'endemain que ie fus arriué, ayãt recognu ladite playe par deux ou trois fois, & voyant comme ie croyois fermement que la mort s'ẽ ensuyuroit & bien tost, ie tache par tous les moyẽs du monde de m'en deffaire, & prendre congé de la femme du blessé, quel contentement qu'elle me voulut faire, ie prins congé, & m'en allay, & aussi tost m'en estant allé, l'autre Chirurgien nommé M. Iean habitant de l'Isle y vint, lequel en fit tout de mesmes, de façon que le

 pauure

pauure patient demeura sans aucun secours, y suruint vn paysant, qui le voyant ainsi delaissé de tous, entreprint de le penser, donc tous les remedes qu'il luy appliqua estoit, qu'il fit chauffer vne broche toute ardente, laquelle il mit dans vn lart pour receuoir la graisse qui distilloit dans vn bassin, & apres la laua par l'espace de huict ou dix fois, iusques à ce qu'elle vint aussi blãche que la neige, & de la luy en chargeoit tous les plumaceaux & emplastres, & le pensa par l'espace de deux mois ou enuiron, & en fut entierement gueri, dont ie fus le plus estonné du monde, de l'auoir quitté sans secours : ce qui ne m'est iamais aduenu ni n'aduiendra, ie dis ceci pour les ieunes Chirurgiens, de ne s'estonner iamais de playes quelconques, qu'ils ne les poursuyuent iusques à la fin, & adieu frere & meilleur amy, retiens c'est enseignement.

OBSERVATION XXXIII.

LEs trois choses tant celebrees par Galien en mille endroits de ses œuures, qui rendent la medecine parfaite, sont tellement necessaires, que defaillant le Medecin & Chirurgien en l'vne d'icelles, il semble qu'en la science n'y ait aucune solidité ni asseurance: car par la diagnostique, il a cognoissance de la maladie, de la cause morbifique, & des parties malades. Par la Prognostique, il iuge si la maladie vaincra, ou sera vaincue, & comme vn vray Pilote, il preuoit & predit la fureur des maladies, & la tempeste des symptomes & accidents qui peuuent arriuer: en quoi il ne se monstre pas seulement docte, comme vn homme, mais il se rend admirable comme ayant quelque diuinité, predisant les choses futures, & preuoyant aux nuisibles. Et la 3. qui est la Therapeutique, que monstre les reigles conuenables pour trouuer les remedes pour lesdites maladies & symptomes, n'a point de lieu sans les deux premieres, & ne semble du tout sans raison, que le vulgaire dit, qu'vne maladie bien cognuë est à demy guerie, ou autrement s'il eschet guerison, c'est plustost par fortune, que par artifice. Mais comme ceste cognoissance est belle, elle est aussi tresdifficile, & principalement aux maladies internes: car le grand nombre & varieté des parties du corps humain, leur situation, leur colligence, les choses prodigieuses & inaudites qui s'engendrent tous les iours dans ce miserable corps, la conformité & ressemblance des symptomes, font que bien souuent les plus doctes & plus versez, se trouuent bien esloignez de leur iugement & prognostic : ce que plusieurs fois nous auons veu par l'ouuerture des corps apres leur mort, de certaines maladies que nous auons trouuees bien esloignees de ce qu'on les auoit iugees auparauant: & entre autres d'vne fort prodigieuse, que

par

par obseruatiõ i'ay voulu mettre icy, en grace des ieunes Chirurgiēs, à fin de les rendre plus studieux & curieux à recercher industrieusemēt la nature des maladies qui sont si rares & de difficile cognoissāce.

Sur la fin du mois de Nouembre dernier mille cinq cens quatre vingts & seize, ie fus appellé en la maison de monsieur Charles de Rosel, Conseiller du Roy en son Parlement de Tholouse, pour voir vne sienne petite fille, aagee d'enuiron seize mois, ayant le ventre fort enflé & tendu, qui empeschoit tellement la respiration, qu'elle sembloit preste à suffoquer, laquelle ayant palpée, cognoissant ladite tumeur estre interne, & qu'elle aboutissoit vn peu à tous les deux flācs, ie fus d'aduis d'auoir conseil, & furent appellez en consultation messieurs Hucher Chancelier, & Saporta vice-Chancelier en ceste vniuersité, tresdoctes & des plus rares Medecins de nostre aage, Iaques Lauthier & Balthezart Variel & moy, maistres en Chirurgie, iurez en ladite ville & vniuersité. Et combien que chacun fit son possible à recercher & trouuer l'essence du mal & siege d'iceluy, si est-ce que les opinions furent fort diuerses : car les vns tenoyent que c'estoit vne hydropisie toute formee, dite Ascites, pource que les signes ressembloyent du tout Pathognomoniques. Les autres le iugeoyent vn absces, mais differemment : les vns le tenoyent en la substance du foye, les autres en la ratte, autres au pancreas, autres entre les muscles de l'epigastre. Pour moy, voyant la situation de la malade, la façon & la tumeur, auec certaine circonscription que i'y trouuois en la palpant, ie iugeay aussi incontinent estre des absces : mais ie pensois certainement qu'ils fussent aux visceres, sçauoir au foye & à la ratte, pour en auoir veu d'autres auec semblables symptomes. Or nous fusmes tous d'accord quant au prognostic : car tous vnanimement la iugeasmes mortelle, & en bref temps, & n'y auoit personne en la compagnie qui la iugeast pouuoir viure huit iours, & toutes fois elle a vescu (combien qu'auec grand peine) iusques au dixseptiesme d'Auril mille cinq cens quatre vingts dixsept, qui sont plus de quatre mois & demi. Incontinent apres estant decedee, ie fus appellé pour l'ouurir, ce qui fut fait, en la presence de beaucoup de personnes : mais principalement desdits sieurs Saporta Medecin, & Lauthier Chirurgien iuré : à laquelle ouuerture nous auōs trouué de choses miraculeuses & prodigieuses, pour l'aage d'vn si ieune enfant : car du costé senestre, il se trouua vn absces d'admirable grandeur, auec vn double chist, qui prenoit son origine d'entre le corps & les apophises transuerses des vertebres des lombes : passant au dessous de la ratte, occupoit tout ce costé là, ledit chist tout ramifié de veines variqueuses, lequel absces estant attaché, pesoit enuiron dix liures : mais ce que nous trouuons encor plus admirable & prodigieux, est que dans ledit absces se trouuerent encor trois autres absces, chacun couuert de son chist, auec mesme ramification, de pesanteur d'vne liure & demie, chacun rempli de la mesme matiere, en grande ressemblance de la bouillie, des œufs cuits, de figues & chair auec ses fibres, & autres matieres estranges, & du tout hors de la regle & regime de nature. Du costé droit on y a troué aussi deux grands absces comme gemeaux, prenans leur origine pres des vertebres à l'édroit des autres, auec mesme chist & ramification variqueuse, pesant enuiron quatre liures chacun, l'vn occupoit la partie caue du foye, l'autre descendoit vers l'os pubis, s'entretenans par vn certain pied en façon de queuë d'vn fruict besson, remplis de mesme matiere que les autres : chose du tout monstreuse qu'vn enfant de quatorze mois ait peu tant subsister auec si grande quantité de telle matiere, qui est vray prodige : aussi auoyent lesdits absces tellement pressé le diaphragme en haut vers les clauicules, que les poulmons n'auoyent pas deux doigts d'espace, ce qui l'a faite mourir comme suffoquee. Voila comment ceste maladie estoit autant difficile à cognoistre, comme impossible à guerir, & ne peut-on referer la cause de ce mal à la semence & premiere conformation, car le pere & la mere sont d'vne fort belle habitude, d'vn louable temperament, & de tresbonne extraction, ioint que tous les visceres & parties nobles de ce petit corps, comme cœur, poulmons, foye, ratte, estomach, & tout le reste, estoyent de tresbelle couleur & consistance, & n'y auoit autre different en la constitution, fors que ce petit enfant n'auoit point d'vuule (qui est chose assez remarquable) mais il y auoit vn trou au fonds du palais, qui incommodoit fort sa nourriture : car en succant le laict, ne le pouuant aualler commodement, elle estoit contrainte le rejetter le plus souuent par les narines, ce qui pourroit bien auoir aidé à la generation de beaucoup d'excremens pituiteux, faute de conuenable nourrissement : mais de sçauoir proprement où nature auoit deschargé ses immondices, là gist la plus grande difficulté : car nature voulant tousiours secourir à elle mesme, se forge des cachots & conduits, & des receptacles inopinez, & fait choses merueilleuses, & ne se faut estonner si aux affections internes quelquesfois on ne designe proprement la partie, pourueu qu'on cognoisse le mal.

Fin des obseruations Anatomiques.

www.ingramcontent.com/pod-product-compliance
Ingram Content Group UK Ltd.
Pitfield, Milton Keynes, MK11 3LW, UK
UKHW021106220726
13924UKWH00004B/1538

9 782016 167366